法式糕點百科圖鑑

終極版！收錄糕點狂熱份子不能錯過的132種甜點

山本ゆりこ
YURIKO YAMAMOTO

大境文化

前言

「什麼是法式糕點呢？」為了解答這樣的疑問，在九Ｏ年代後期我去了巴黎。最初令我驚訝的，是麵包坊及糕點店的數量，居然像日本的便利商店那麼多。在我住了十年的公寓附近算是閑靜的地區，只要徒步五分鐘的範圍內就有四間糕點店與麵包坊。即使招牌上掛的是「麵包坊」，但櫥窗中也必定擺放著甜點，幾乎所有的店家都是「麵包坊兼糕點店」，兩種都有販售。其次令我驚異的是，我熟知的糕點其實並不太常出現，沒有泡芙也沒有草莓鮮奶油蛋糕。

在當地留學初期，我想要走遍巴黎所有的糕點店。能逐一造訪數量驚人的這些糕點店，是有著高度好奇心的我，想做的挑戰。一般來說，喜歡甜點或研修學習糕點的人，都會去知名、或是以美味著稱的店家。但是，我純粹只是存著想要網羅巴黎所有糕點的心態而已。

在沒有任何想法，於糕點店間探訪的過程中，我深刻瞭解到許多差異。巴黎的糕點店所販售的糕點（pâtisserie），包括傳統的經典糕點，以及用慕斯、奶油餡為基底的創作糕點，巴黎著名店家或傳入日本的法式糕點，以後者居多。相反地，在巴黎街市中的店家，反而仍如同過去百年來，持續悠然地製作著傳統的經典糕點。法國的經典糕點，在過去冷藏技術和工具匱乏的時代，由歷代廚師或糕點師絞盡腦汁所完成。超越時間洪流廣受大眾喜愛，百吃不厭的美妙風味，正是永恒而經典的原因。

2000 年以後，法國糕點業界也產生了很大的改變。其中最大的變化，就是甜點也開始追逐著時尚流行的步伐。從此，糕點師們開啟了嶄新、前所未見的糕點探索。以具體的例子來說明，就是有名的糕點師們開始重新詮釋 revisiter〔ルヴィジテ（revisit = arrange）〕經典糕點。還有就是閃電泡芙和瑪德蓮等，特定銷售單一種糕點的專賣店也變多了。

書本中，除了有販售於糕點店的經典糕點之外，還分成小酒館點心、家庭糕點、風土糕點等四大章來介紹法式糕點。即使在近二十年的新潮流中，這些糕點仍然廣受喜愛地傳承下來，希望大家能好好品味這些歷史與配方。

法國糕點店的傳統三角包裝

目錄 Sommaire

糕點店的經典糕點 | Spécialités des pâtissiers 10

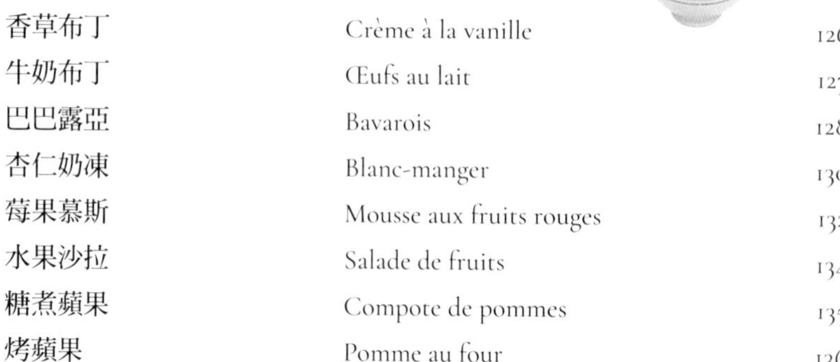

關於本書

◇ 種類／蛋糕、塔、水果製糕點、巧克力蛋糕等，會依糕點最明顯的特徵將其分類。

◇ 享用時機／可區分成早餐、午餐或晚餐後的甜點、下午茶。此外，零食、開胃小點心（Apéritif）、節慶糕點等，也都是常見的分類。

◇ 地區／僅各地傳統糕點比較容易區分，基本上在2015年為止，大部分都是以大家所熟知的地名來記錄。→P 147

◇ 構成／標記著大致使用的材料或是麵糊、奶油餡等。使用複數的粉類時，會省略地用「粉類」來簡化，洋酒或香料等，少量的添加則未記入。

◇ 糕點店的經典糕點，有些有食譜有些則無，這個章節以家庭容易製作的配方來標示。

Colonne

Spécialités des pâtissiers

糕點店的經典糕點

法語中的「Pâtissiers」，有著以下的意思。

❶ 以烤箱完成烘烤的麵糊（pâte ／麵團）製作的糕點

❷ 製作、販售糕點的店家。

也就是「Pâtissiers」這個單字就涵括了「糕點」的意思，

「糕點店販售的各種甜點」，在本書中稱作「經典糕點」。

法國糕點店的甜點，

承襲了歷代廚師與糕點師們的智慧孕育而成

結合最新技術製作出 Grand Classique，

還有各種美麗的創作糕點，

本章主要介紹歷久彌新的經典糕點。

閃電泡芙

Éclair

意思為亮光一閃的「閃電」泡芙

◇種類：泡芙　◇ 享用時機：餐後甜點、下午茶、點心
◇構成：泡芙麵糊＋卡士達奶油餡＋翻糖

日本稱作「エクレア Ekurea」的名稱，很可能是從 Éclair 的英文讀音而來。Éclair 在法語中的意思是「閃電」，也有形容「雷般」「剎那間」等「瞬間」的意思。所以是如同閃電般，瞬間能就吃掉的形狀、像閃電打下的光影一樣，呈現棒(baton)狀、或是泡芙表面的翻糖(→ P229)就像閃電般閃耀著光澤等，名字的由來有許多的說法。但根據法蘭西學術院(Académie française 為守護法語，並維持法語品質而存在的權威學術團體)所編著辭典中的定義－「因閃電泡芙(閃電落下一般的速度)可以瞬間被食用，因而以 Éclair 命名」。

閃電泡芙不僅限於糕點店，若說只要有販售糕點的地方就必定可以看到也不為過。巴黎男士們會抓著閃電泡芙的尾端大口享用，每次只要見到這種吃法的身影，都不禁讓人深刻感受到，在法國一般來說糕點都使用刀叉來食用，而填充了奶油餡的眾多糕點中，閃電泡芙真的是特別簡單容易享用的甜點。因此，需求量也高，或許也正因為如此，無論哪家糕點店都有販售…。

發明閃電泡芙的人，據說是在 1850 年代，以美食之鄉聞名的法國第三大都市－里昂。但似乎並沒有留下創作者的姓名。閃電泡芙的原型是由安東尼·卡漢姆(Antonin Carême → P234)所構思，卡漢姆製作出的原型在當時被稱為「Duchesse」。據說是把泡芙麵糊在切碎的杏仁上滾動沾裹，整型成手指般細長狀再烘烤，出爐澆淋翻糖或焦糖製成的糕點。在他過世約二十年後，近似現代樣貌的閃電泡芙，就在里昂誕生了。

Pâtisserie

早期閃電泡芙的變化組合，白色的添加了香草卡士達奶油餡。

長久以來，最常見的口味是巧克力和咖啡二種。在泡芙中填入巧克力或咖啡風味的卡士達奶油餡，表面澆淋巧克力或咖啡風味的翻糖。但 2000 年開始，閃電泡芙進化了。位於瑪德蓮廣場（Place de la Madeleine），Fauchon Paris 的糕點主廚克里斯多福·亞當（Christophe Adam），在 2002 年接受來自紐約的訂單「能否製作柳橙口味閃電泡芙？」，因為這個契機開創了閃電泡芙的嶄新挑戰。自此店內每逢週末就會推出各種獨具創意的閃電泡芙口味，「週末閃電泡芙」廣受好評。2011 年亞當辭去了 Fauchon 的工作，次年第一間閃電泡芙專賣店 L'éclair de génie 開設在巴黎瑪黑區（Le Marais），現今成為以法國及亞洲為中心，擴展好幾家分店的人氣名店。可以說是託了亞當的福，閃電泡芙才能在法國新增如此多樣的風味，及華美裝飾。

泡芙麵糊的歷史

泡芙麵糊的法語是 pâte à choux。chou 是蔬菜「甘藍」的意思，複數型是 choux。古代的歐洲相信嬰兒從甘藍中誕生，所以也有多產的意思。泡芙的原型，最為人所熟知，是十六世紀由義大利嫁至法國的凱薩琳・德・麥地奇（Catherine de' Medici）亨利二世王妃的廚師－波普里尼（Popelini）所帶進來。當時是用湯匙將麵糊舀至烤盤上，用火烘烤至乾燥的成品，稱作 pâte à chaud「熱麵團」的意思。之後由糕點師尚・阿維斯（Jean Avice → P234）製作完成。尚・阿維斯是安東尼・卡漢姆（Antonin Carême → P234）十多歲時在 Sylvain Bailly 店（位於巴黎 Vivienne 街）工作時的師傅。

克里斯多福·亞當的專賣店「L'éclair de génie」(a)店內彷彿藝術作品般的閃電泡芙（b）

Colonne 1

巴黎的奶油泡芙

從九O年代後半住在巴黎開始，巡訪各家糕點店時，有件最驚訝的事，那就是一直以為是法式糕點的「奶油泡芙」，居然沒有任何店家販售。僅有極小機率可能找到的，是填入了香緹鮮奶油的泡芙（choux à la Chantilly），完全看不到日本的奶油泡芙。「シュークリーム」這個詞，是日式法語，以法語表現就是 Chou à la crème。若是詢問喜好糕點製作的法國人「為什麼糕點店沒有賣Chou à la crème呢？」，他們一定會笑著回答：「那不是家裡就能作的嗎。都要掏錢購買的話，怎麼能不買巧克力或咖啡口味的呢？」同樣的問題在問過許多法國人之後，這位法國女士的回答最令人心服。

無論如何，現在巴黎已經有了泡芙專賣店（迷你尺寸的泡芙）了。2010 年之後，巴黎興起了單一甜點特殊專賣店的風潮，點燃這波流行風潮的，是 2011 年將 1 號店開設在北瑪黑區（Le Marais）的泡芙專賣店 Popelini。除了香草、巧克力、咖啡等基本經典風味之外，其他水果系列的商品陣容也非常齊全，櫥窗中隨時都排放著 10 種以上的泡芙。店內色彩繽紛的裝潢也令人印象深刻。二年之後，2013 年開設的是 Odette Paris，店內的泡芙色彩繽紛，但內部裝潢則是採用黑色古典為基調。

Popelini、Odette Paris 兩家的泡芙表面都澆淋上翻糖，因此可能不太容易發現，其實泡芙本身表面都有著細微裂紋。這就是稱為脆皮泡芙 Choux craquelins 的新興製作方法，相較於一般的泡芙表皮，更添酥脆口感。

2013 年，出現了一家名為 La Maison du chou，以接受訂單才開始填裝奶油餡的泡芙專門店（現在已關店）。之後 2018 年，Dunes Blanches chez Pascal，開設在瑪黑區（Le Marais）的西側，這裡是在珍珠糖泡芙中輕巧地填入鬆軟的奶油餡，由法國西南部費雷角（Cap Ferret）開店的帕斯卡・路卡（Pascal Lucas）負責經營。

前面兩家店，無論是在風味種類或視覺上，給人「馬卡龍式泡芙」的印象。後面二家店則是保持樸質的外觀販售，比較近似於日本的奶油泡芙。接下來的巴黎泡芙會如何進化，值得大家拭目以待。

Popelini色彩豐富的泡芙

Dunes Blanches chez Pascal的泡芙

修女泡芙

Religieuse

修女外形的泡芙

◇種類：泡芙　　◇享用時機：餐後甜點、下午茶
◇構成：泡芙麵糊＋卡士達奶油餡＋翻糖＋奶油餡

十六～十七世紀的泡芙有加起司，而十八世紀則是原味呈現。據說是進入十九世紀後，才演變成填入奶油餡享用。Religieuse是「修女」的意思，據說1851～1856年間，糕點兼冰淇淋師傅弗拉斯卡蒂（Frascati）在他店裡創作出來。當時的店位於現在巴黎二區黎塞留路（Rue de Richelieu）和義大利人大道（Boulevard des Italiens）的轉角（也有其他街道的說法）。那時的修女泡芙和法式布丁塔（Flan → P26）一樣，填入濃郁的卡士達奶油餡，並且利用打發鮮奶油進行裝飾。皮耶・拉康（Pierre Lacam → P235）在自己所著的“Le Mémorial de la Pâtisserie 法國糕點備忘錄”（1890年）書中，提到「修女泡芙歷經五十年仍受到喜愛，即使摩卡蛋糕（→ P59）」的登場都無法撼動其人氣」。

修女泡芙可說是經典中的經典。組合幾乎與閃電泡芙相同（→ P12），不同在於修女衣領處使用的是奶油霜（Crème au beurre）吧。雖然味道相同，巧克力與咖啡風味是基本款，但還同時製作了各式口味。最有名的是以巴黎馬卡龍（→ P76）而聞名的老店Ladurée所製作的修女泡芙。像馬卡龍般的色彩豐富，從單一的玫瑰、紫羅蘭、開心果風味等，到杏仁×酸櫻桃（櫻桃的一種）、玫瑰×草莓等混搭口味。

製作經典款完全不加以更動的薩巴斯汀・高達（Sébastien Gaudard）就曾說：「修女泡芙如其名，是模仿修女的經典甜點。上端是白色的頭巾，下面是黑色衣服，正是原本的樣貌」。在他店裡，修女泡芙的頭部是白色翻糖（→ P59）和香草風味的卡士達奶油餡，下方是巧克力翻糖和巧克力卡士達奶油餡所構成。戴上白色翻糖頭巾，搭配巧克力翻糖的修女服姿態，彷彿看到真的修女一般。

薩巴斯汀・高達Sébastien Gaudard的修女泡芙

聖多諾黑

Saint-Honoré

以糕點師 & 麵包師的守護聖人來命名

◇ 種類：泡芙
◇ 享用時機：餐後甜點、下午茶
◇ 構成：塔皮麵團＋泡芙麵糊＋奶油餡＋焦糖

在切成圓形的酥脆塔皮麵團（pâte brisée）或折疊派皮麵團表面，擠出環狀泡芙麵糊後烘烤。完成烘烤的小泡芙蘸上焦糖後，黏在環狀泡芙上。中央再漂亮地擠出香緹鮮奶油（→ P227）或吉布斯特奶油餡（→ P229）。

這款糕點最有力的來源是 1840 年，由位於巴黎聖多諾黑市郊路（Rue du Fourbourg Saint-Honoré）的糕點店 Chiboust 的主廚奧古斯丁・朱利安（Auguste Jullien → P234）所製成。最初是採用布里歐麵團製作，在製成環狀的布里歐上黏貼圓形的小泡芙。中央部分填入卡士達奶油餡或鮮奶油，但卻是失敗的組合，因為放置一段時間後，奶油餡的水分會導致布里歐變得濕軟。即便如此，仍以聖多諾黑之名持續在 Chiboust 販售。

也有一說，聖多諾黑的商品名稱就是店家所在的路名而來，另一個說法則是因為使用的是布里歐，所以用守護糕點麵包的聖人之名 Saint-Honoré（聖 - 多諾黑）來命名。之後朱利安想到利用塔皮麵團作基底，周圍使用裹上了焦糖的泡芙來製作。糕點店老闆吉布斯特（Chiboust）在中央部分填入了口感輕盈，添加了蛋白霜的卡士達奶油餡。這款奶油餡就命名為吉布斯特奶油餡（crème Chiboust），現在仍廣泛使用在各式糕點中。

巴黎布雷斯特

Paris-Brest

填入帕林內(praliné)風味奶油餡的環狀泡芙

◇種類：泡芙
◇享用時機：餐後甜點、下午茶
◇構成：泡芙麵糊＋帕林內奶油餡＋杏仁果

撒上杏仁片的環狀泡芙中間，大量夾入添加了帕林內(pâte de praliné → P229)的奶油餡或慕斯林奶油餡(crème mousseline → P228)。搭配上烤堅果和焦糖香氣的濃郁風味，受到許多粉絲的熱愛。

這款經典糕點的誕生，與起點巴黎往返布雷斯特的「Paris-Brest-Paris」自行車賽有關。布雷斯特是位於法國西北部，布列塔尼的軍港城市，主辦自行車競賽的是日報『Le Petit Journal』的總編輯皮耶・吉法德(Pierre Giffard)。近 1200 公里的自行車賽，從 1891 年開始至 1951 年為止，都是以職業選手為對象的競賽，後來則改為以業餘愛好者為主，現在仍持續舉辦。

1910 年吉法德委託在巴黎郊區邁松拉菲特(Maison Lafite)開設糕點店的路易・杜蘭德(Louis Durand)，製作象徵競賽的糕點。邁松拉菲特是直到 1883 年吉法德過世前一直居住的地方，因此杜蘭德思考後以模擬自行車輪胎的形狀，製成環狀泡芙，並撒上杏仁片後烘烤，再夾入帕林內奶油餡，命名為「Paris-Brest 巴黎布雷斯特」。至今糕點店也仍保持「Durand」的名號。順道一提，足以與此自行車賽相提並論的，是世界知名的環法自由車賽(Le Tour de France)。

薩朗波

Salambo / Salammbô

焦糖包覆的奶油泡芙

◇ 種類：泡芙　◇享用時機：餐後甜點、下午茶、點心
◇ 構成：泡芙麵糊＋卡士達奶油餡＋焦糖

薩朗波是橢圓形的泡芙內，填入香草風味的卡士達奶油餡，表面覆上焦糖製成。這個名稱出自古斯塔夫・福樓拜(Gustave Flaubert)在1862年發表，以迦太基(Carthage 現在的突尼西亞)為舞台的歷史小說『薩朗波 Salammbô』。『薩朗波』是福樓拜繼『包法利夫人』後的第二部長篇小說，取其主人翁為名。這部小說被作曲家厄內斯特・雷耶(Ernest Reyer)歌劇化之後迎來莫大的勝利。1892年初次在巴黎公開演出，推測可能是在當時發想創作出來的糕點。趁當時歌劇小說盛行之時，趕流行推出的新商品，這是古往今來不變的商機。

隨後，與料理、糕點相關，巴黎藍帶廚藝學校(LE CORDON BLEU PARIS)創校廚師亨利・保羅・佩拉普拉特 Henri Paul Pellaprat (1869-1950年代前半)，將薩朗波如上定義。無論如何，近年來，沾裹上焦糖的薩朗波已經不太常見了。不僅如此，也常與法國北部的橡實泡芙(Gland → P22)混淆。即使是巴黎的糕點店，也有很高的比例會將橡實泡芙標示成「薩朗波」來販售。

Pâtisserie

薩朗波(約15個)

材料

泡芙麵糊
- 無鹽奶油(回復室溫)……45g
- 低筋麵粉……45g
- 水……100ml
- 鹽……1/5小匙
- 雞蛋(放置回復室溫)……2個

雞蛋…… 適量

卡士達奶油餡
- 蛋黃……2個
- 砂糖……55g
- 低筋麵粉……10g
- 玉米粉……15g
- 牛奶……300ml
- 香草莢……1/3根

鮮奶油……100ml

焦糖
- 砂糖……100g
- 檸檬汁…… 略少於1/2小匙
- 水……2大匙

製作方法

1. 製作泡芙麵糊(→ P224)，放進裝有直徑1cm以上圓形擠花嘴的擠花袋內，在舖有烘焙紙的烤盤上絞擠出長6～7cm、3cm的橢圓形。
2. 一邊平整1的表面凹凸一邊刷塗蛋液。
3. 以200°C預熱的烤箱烘烤20分鐘，降至170°C再烘烤15分鐘。
4. 製作卡士達奶油餡(→ P226)，直接包覆保鮮膜放入冷藏室內。
5. 在缽盆中放入鮮奶油，在缽盆底部墊放冰水，一邊冷卻一邊用攪拌器攪打至發泡(7分打發)。
6. 在另外的缽盆中放入4的1/2用量，用攪拌器混拌滑順，加入5的1/3用量，充分混合。
7. 將6加回5中，以橡皮刮刀避免攪破氣泡地迅速混拌，放進裝有直徑1cm圓形擠花嘴的擠花袋內。
8. 將7插入完全冷卻的3底部，擠出卡士達奶油餡。
9. 製作焦糖。在小鍋中放入砂糖、檸檬汁和水，用中火加熱。等成為淡焦糖色時，離火。
10. 將8的表面一半浸泡在9中沾裹，焦糖面朝下，排放在新的烘焙紙上。

* 卡士達奶油僅使用一半用量，泡芙麵糊也可以使用1/2的材料製作。

離婚泡芙

Divorcé

別名／Duo

二種風味一次享用

◇ 種類：泡芙
◇ 享用時機：餐後甜點、下午茶、點心
◇ 構成：泡芙麵糊＋卡士達奶油餡＋翻糖＋奶油餡

Divorcé 是「離婚」「分手」的意思。在高離婚率的法國，常常可以聽到的字眼。將閃電泡芙（→ P12），或修女泡芙（→ P16），經典的巧克力風味和咖啡風味合體而成，也就像是日本說的「三色麵包」一樣。因為是可以同時品嚐到兩種風味的美妙糕點，所以也不用太顧忌這個名字吧。只要在有離婚問題或分手問題的情侶面前，別拿出來就好。但也可以由這此看出法國人的嘲諷個性，最近有糕點店將這款泡芙改用 Duo 的名字來販售，遠勝原名 100 倍。

橡實泡芙

Gland

形狀幽默的泡芙

◇ 種類：泡芙
◇ 享用時機：餐後甜點、下午茶、點心
◇ 構成：泡芙麵糊＋卡士達奶油餡＋翻糖＋巧克力糖粒

Gland 就是「橡實」，是一款形狀受到小朋友喜愛的泡芙點心，但許多也會加入酒類成分。在絞擠成類似橡實的水滴狀泡芙中，填入用櫻桃白蘭地（kirsch）增添香氣的卡士達奶油餡，表面再沾裹上淡綠色的翻糖（→ P229）和巧克力糖粒，巧克力糖粒就像是橡實的帽蓋部分。翻糖的顏色也有白色或粉紅色，在香檳區（Champagne → P148）白色翻糖是原味的卡士達奶油餡；綠色則是櫻桃白蘭地或蘭姆酒風味；粉紅色則是柑曼怡白蘭地橙酒（Grand Marnier）風味，依照翻糖的顏色來區分奶油餡的口味。

Pâtisserie

珍珠糖泡芙

Chouquettes

點綴著砂糖顆粒的小泡芙

◇ 種類：泡芙
◇ 享用時機：餐後甜點、下午茶、點心
◇ 構成：泡芙麵糊＋珍珠糖粒

十六世紀後有很多的文獻，像是 1607 年匿名醫生所著作“Le Thrésor de Santé 健康之寶”等書籍中，出現了小泡芙＝ tichous 的紀錄。tichous 是〔小型泡芙〕的意思，從法語 petit chou 縮寫而來。十七世紀的文學家安托萬・弗雷蒂埃(Antoine Furetière → P234)筆下的小泡芙，就和現代的珍珠糖泡芙很相似。據說是用「雞蛋、奶油、玫瑰水製作出麵糊，撒上小糖粒(dragée)後烤至膨脹起來的輕盈糕點」。

珍珠糖泡芙(約 40 個)

材料

泡芙麵糊
- 無鹽奶油(回復室溫)……45g
- 低筋麵粉……45g
- 水……100ml
- 鹽……1/5 小匙
- 雞蛋(回復室溫)……2 個

雞蛋…… 適量
珍珠糖粒…… 適量

製作方法

1. 製作泡芙麵糊(→ P224)，放進裝有直徑 1cm 圓形花嘴的擠花袋內，在鋪有烘焙紙的烤盤上擠成直徑 2cm 的圓。
2. 一邊平整 1 的表面凹凸，一邊刷塗蛋液，撒上珍珠糖粒。
3. 以 200°C預熱的烤箱烘烤 20 分鐘，降至 170°C再烘烤 15 分鐘。

Pâtisserie-G

千層酥

Mille-feuilles

折疊派皮麵團酥脆美味的魅力

◇ 種類：派餅糕點　◇ 享用時機：餐後甜點、下午茶
◇ 構成：折疊派皮麵團＋奶油餡＋糖粉或翻糖

在日本，雖然稱為「ミルフィーユ mirufi-yu」，這樣的發音在意思上就變成了「千人少女」。mille〔ミル〕是「千」，feuilles〔フォイユ〕是「葉片（複數形）」的意思。用於千層酥的折疊派皮麵團，是稱作「基本揉合麵團 détrempe」包覆奶油後進行 3 折疊。這樣的 3 折疊作業要進行 6 次，因此完成時會形成 729 層。重覆折疊的奶油和麵團藉由烘烤，利用奶油融化時釋出的水蒸氣撐起麵粉的層次，這就是麵團可以形成薄脆層次的結構組合，也因此這樣的層次結構被比喻成「千層葉片」。根據法國權威的『Larousse 百科辭典』，「Mille-feuilles，是將折疊派皮（也有時會將表面焦糖化）漂亮地層疊，夾入用櫻桃白蘭地、蘭姆酒或香草增添風味的卡士達奶油餡，再撒上糖粉或淋上翻糖（→ P229）的糕點」。千層酥的翻糖如左頁照片般，白色表面劃出巧克力色圖紋是最常見的作法。撒上糖粉時，會大量到看不到派皮的程度。烘烤折疊派皮麵團，有時也會在撒上裝飾的砂糖（糖粉）後再次烘烤。如此表面會呈現焦糖化，即使沾附了奶油餡的水分，也能在某個程度上保持酥脆口感。但千層酥不耐放，即使在巴黎，也僅有少數店家能提供點餐後「現場製作」，夾入奶油餡供應。

法式千層酥的起源，在專家之間也有不同的意見看法，製作出最接近現在的形態，是在 1867 年，位於巴黎巴克路（Rue du Bac 現在是著名糕餅店櫛比鱗次的七區大街）的糕點店師傅阿道爾夫・瑟儂（Adolphe Seugnot）所製作的可信度最高。

折疊派皮麵團的歷史

折疊派皮麵團，又稱作 pâte feuilletée。關於想出這個作法的人，眾說紛紜，其中最有力的二種說法。其中一說是出自十七世紀，著名的畫家克勞德・洛蘭（Claude Lorrain），在成為畫家之前曾經以克勞德・熱萊（Claude Gellée）的名字在糕點師傅手下見習，一時忘了在麵團中加入奶油，慌忙中將奶油折入麵團內烘烤，意外地製作出美味的成品。另一個說法則是，在十八世紀時有一位名為弗耶（Feuillet）的糕點師傅，麵團以他的名字而命名。十七世紀的拉・瓦雷納（La Varenne → P235）在“La Pâtissier François 法國糕點師”著作中，記錄了折疊派皮麵團的配方。進入十九世紀後，安東尼・卡漢姆（Antonin Carême → P234）數次折疊，完成現在的多層次外觀。

法式布丁塔

Flan

像凝固的卡士達奶油餡般
極具口感的糕點

◇ 種類：雞蛋點心
◇ 享用時機：餐後甜點、下午茶、點心
◇ 構成：酥脆塔皮麵團＋雞蛋＋砂糖＋牛奶

法式布丁，最初是製作添加了較多玉米粉或卡士達粉（poudre à Flan）等澱粉製作出具有濃度的卡士達奶油餡，之後倒入酥脆塔皮麵團或折疊派皮麵團中，烘烤至表面焦香，特徵就是像外郎糕（ういろう）一樣的彈牙。但最近不太添加澱粉、近似布丁的成品比較受到喜愛。一般會加入香草增添香氣，也有加入李子或杏桃等水果的成品。法國糕點師眼中的「Flan」就是指這樣的成品，但可被稱為「Flan 法式布丁」的範圍很大，共通點在於無論是甜味或鹹味，使用的都是加入雞蛋的奶蛋液（appareil）。

Flan 的語源來自「烘餅或可麗餅等圓形烘焙品」的 flado。到了中世紀（十三世紀）終於出現了甜味的法式布丁。最初是王侯貴族用餐時優雅豪華的餐後甜點，到了十四世紀才開始使用「Flan」的名稱。隨著時間的流逝，法式布丁也完成進化，成了安東尼・卡漢姆（Antonin Carême → P234）構思的「蘋果法式布丁 Flan aux pommes」，以及在 Maison Quillet（製作出奶油霜 crème au beurre 的糕點師 Quillet 的店）販售的「蛋白霜檸檬法式布丁 Flan au citron meringue」等。出版於 1900 年（初版 1897 年）的尚－巴諦斯特・何布勒（Jean-Baptiste Reboul）所著的“La Cuisinière Provençale 普羅旺斯的廚師”中，紀錄的就近似現在的法式布丁。

愛之井

Puits d'amour

使用浪漫的名稱「愛之井」

◇ 種類：折疊派皮、泡芙點心
◇ 享用時機：餐後甜點、下午茶
◇ 構成：折疊派皮麵團、泡芙麵糊＋卡士達奶油餡

冠以最符合法式浪漫愛情名稱的經典甜點，基底是用折疊派皮麵團和泡芙麵糊製作，或是像聖多諾黑（Saint-Honoré → P18）一樣底座使用派皮麵團，周圍使用泡芙麵糊。很多時候香草風味的卡士達奶油餡也會以吉布斯特奶油餡（crème Chiboust → P229）來替換。

愛之井的配方，最初的記錄是在文森特・拉・夏佩爾（Vincent La Chapelle → P235）於1735年所著的"La Cuisinière Moderne 現代廚師"中。有二款配方，其中一種就命名為「Gâteau Puits d'amour」，填滿了醋栗（→ P207）及醋栗果泥（僅用果汁製成果醬）。派餅杯也像提籃般有著把手。另一款是「Petit Puits d'amour」，折疊派皮麵團烘烤成小型餅皮，填入醋栗果泥的成品。將果醬置換成卡士達奶油餡的就是尼可拉・斯朵爾（Nicolas Stohrer → P235）。他開設的糕點店Stohrer現在仍傳承著他的精神營運，而愛之井就是招牌商品。關於這款糕點的命名有諸多傳說，其中最有力的是取自1843年巴黎喜歌劇院（Opéra-Comique）上映的歌劇名而來。

新橋塔

Pont-neuf

冠以塞納河上橋樑名的糕點

◇ 種類：塔
◇ 享用時機：餐後甜點、下午茶、點心
◇ 構成：折疊派皮麵團＋泡芙麵糊與卡士達奶油餡混合＋果醬＋糖粉

Pont-neuf 是「新橋」的意思。是架設在西堤島(Île de la Cité)前端的兩座短橋，兩座合稱新橋，現在已是納塞河上最古老的橋樑。當時在橋上設店是主流，而新橋就是橋上什麼都不開設的新嚐試。

新橋塔是在折疊派皮中填入混合了泡芙麵糊和卡士達奶油餡的餡料，用帶狀派皮麵團裝飾成十字形烘烤。冷卻後用紅色果醬和糖粉裝飾。表面的十字圖紋代表新橋和西堤島交錯，以此命名。1890 年皮耶・拉康(Pierre Lacam → P235)對這款糕點的描述，也有此糕點出自中世紀即有的派餅－塔爾木斯(Talmouse)的說法。

糖霜杏仁奶油派

Conversation

格子圖紋的酥脆派餅

◇ 種類：派皮
◇ 享用時機：餐後甜點、下午茶、點心
◇ 構成：折疊派皮麵團＋杏仁奶油餡＋糖霜

Conversation 是「會話」的意思。在折疊派餅中填入杏仁奶油餡，表面塗上以糖粉和蛋白、檸檬汁製作而成的「glace royale」糖霜。將派皮麵團排成格子圖紋烘烤，就能做出具獨特光澤和口感的糕點了。這樣「烘烤糖霜」的技巧在義大利曾見過，但在法國，就我所知只此一種。

根據 1962 年出版的“Dictionnaire de l'Académie des Gastronomes 美食家學會字典”，這款糕點誕生於十八世紀末。根據記載，名稱源自當時暢銷女作家的小說“Les Conversations d'Emilie 與艾蜜莉的對話”（1774 年）。

蘋果薄塔

Tartelette fine aux pommes

擺放上薄片蘋果的塔

◇ 種類：塔
◇ 享用時機：餐後甜點、下午茶、零食
◇ 構成：折疊派皮麵團＋蘋果＋砂糖

一人份的小型塔就是「Tartelette」。切成圓形的折疊派皮或酥脆塔皮麵團上，放射狀地擺放上切成薄片的蘋果，撒上砂糖和切成小塊的奶油烘烤。簡單又能活用水果美味的作法，因此不少麵包坊兼糕點店都增加這樣的品項。除了蘋果之外，也能看到像杏桃、黃香李（Mirabelle 小粒的黃色李子）的成品。大約是在這兩種水果盛產，初夏至初秋左右。無論哪種水果，烘烤後都會產生酸味，因此撒上大量的砂糖烘烤是製作的重點。

蘋果薄塔（直徑 12cm　4 個）

材料

折疊派皮麵團
- 無鹽奶油……70g
- 低筋麵粉……150g
- 鹽……1/2 小匙
- 砂糖……1 大匙
- 油……1/2 大匙
- 冷水……1 ～ 3 大匙

蘋果（大）……1 個
檸檬汁……1/2 個
細砂糖……4 大匙

製作方法

1. 製作折疊派皮麵團（→ P225），以保鮮膜包覆後靜置冷藏。
2. 蘋果削皮去芯，切成 3 ～ 4cm 厚的月牙狀，澆淋檸檬汁。
3. 將 1 分切成 4 等份，各別用擀麵棍擀壓成直徑 12 ～ 13cm 的圓形。用叉子在麵團全體刺出孔洞，靜置冷藏 15 分鐘。
4. 將 2 分成 4 等份，以放射狀排放在 3 的表面。
5. 各別在 4 的表面撒上細砂糖，以 220°C預熱的烤箱烘烤約 20 分鐘。

＊ 趁熱放上香草冰淇淋，就是小酒館風格的餐後甜點了。

杏仁塔

Amandine

別名 / Tratelette amandine 杏仁奶油餡小塔

以杏仁塔之名廣為人知，經典中的經典

◇ 種類：塔　◇ 享用時機：餐後甜點、下午茶、零食
◇ 構成：甜酥麵團＋杏仁奶油餡＋杏仁薄片

法語中的杏仁稱作 Amande。使用大量杏仁的「杏仁塔」，一般指的是一人份的迷你塔。甜酥麵團（pâte sucrée）或砂布列麵團（pâte sablée → P227）中填入杏仁奶油餡，表面撒上杏仁薄片後烘烤。完成後刷塗杏桃果醬增添光澤，再用糖漬櫻桃（drained cherry）和歐白芷（→ P231）裝飾。烘烤大的塔，多半是作為新鮮水果塔的基底。這個時候就不撒杏仁片烘烤，之後擠上卡士達奶油餡等，再排放新鮮水果。

杏仁塔的歷史，可以追溯到路易十三的時代（十七世紀），塞普里安・拉格諾（Cyprien Ragueneau）所創。他有十分獨特的經歷，是聖多諾黑市郊路（Rue Saint-Honoré）和乾樹路（Rue de l'Arbre Sec）轉角（現在巴黎一區）店家的糕餅師傅。之後加入法國最具代表的劇作家莫里哀（Molière）的劇團，成為舞台演員兼詩人。並且拉格諾參加法國劇作家埃德蒙・羅斯丹（Edmond Rostand）著名作品『Cyrano de Bergerac 大鼻子情聖』，演出主人公的摯友巴黎糕餅店的店主，劇中也出現杏仁塔食譜的劇情。劇中的台詞，包括枸櫞（Cédrat 檸檬的原始種）原汁、杏仁牛奶等材料名稱。杏仁塔和此劇作風靡一時。

Pâtisserie

塔的歷史

塔在中世紀就已經存在。「Tartelette」意思是「小塔」，在泰爾馮（Taillevent → P235）中世紀的著作“Le viandier 料理書”中首次被提到。塔指的是底部為塔皮麵團的成品，若連上方也覆蓋麵團時，則稱為 tourte。或許想像成「餡餅」會比較容易理解也說不定（→ P227）。tourte 的歷史，可以回溯到古羅馬時代。「tourte」的語詞，語源是從拉丁語 torquere（扭轉、滾圓）開始，至後期拉丁語的 panistortus（圓形麵包）衍生而來。

櫥窗中排放著眾多的小塔

布爾達盧洋梨塔

Tarte Bourdaloue

洋梨與杏仁的塔

◇ 種類：塔
◇ 享用時機：餐後甜點、下午茶
◇ 構成：塔麵團＋杏仁奶油餡＋洋梨＋杏仁

布爾達盧洋梨塔，簡單來說就是在杏仁塔（→ P30）表面放上糖煮洋梨後烘烤而成。據說在製作之初，是撒上敲碎的馬卡龍。因為這款塔的誕生，才開始了在杏仁奶油餡中放入水果一起烘烤的塔。一聽到「Bourdaloue」，大家都會聯想到，使法國哲學家伏爾泰（Voltaire）說出「宣講之王，眾王的宣講人」，以獨特魅力宣教的耶穌會傳教士－路易・布爾達盧（Louis Bourdaloue 十七世紀的名人），但卻不是以他的名字來命名。這個糕點，是位於巴黎九區的布爾達盧路（Rue Bourdaloue）上糕點店的師傅菲凱勒（Faquelle）在 1850 年所創作。當然這條街道名是取自路易・布爾達盧。此地區在路易十八的政令下進行開發，1824 年開始，將這條街道作為洛雷塔聖母院（Notre-Dame-de-Lorette）西側的通道。

位於巴黎第九區布爾達盧路的路標

迷你船型塔

Barquette

迷你船型糕點

◇ 種類：塔
◇ 享用時機：餐後甜點、下午茶、零食
◇ 構成：塔麵團＋杏仁奶油餡＋奶油餡＋巧克力或翻糖

迷你船型塔的原意是「小型的 barque（船）」。也就是「小型的船」。在稱為 barque 型，葉片狀專用模型中舖放塔皮麵團，填入杏仁奶油餡後烘烤，作成基底（也有不填放杏仁奶油餡的種類）。表面用栗子泥或奶油霜作出船帆的形狀，再覆蓋上巧克力或翻糖（→ P229）。裝飾會因店家而各有不同。上半部的奶油霜除了有栗子的口味外，還有咖啡風味或櫻桃白蘭地風味等。我去到法國是在九Ｏ年代後半，一般普通的麵包兼糕點店，也至少有二種左右的迷你船型塔可供選擇，這不正是與時俱進的糕點之一嗎。

Pâtisserie

吉布斯特塔

Chiboust

主角是卡士達與蛋白霜

◇ 種類：塔
◇ 享用時機：餐後甜點、下午茶、零食
◇ 構成：塔麵團＋吉布斯特奶油餡＋水果

由奧古斯丁・朱利安（Auguste Jullien → P234）製作並使用於聖多諾黑（→ P18），就是吉布斯特奶油餡（Crème Chiboust → P229）。吉布斯特奶油餡是卡士達奶油餡和義式蛋白霜（→ P51）混合而成。製作卡士達奶油餡（僅使用蛋黃）時，剩下的蛋白可以不浪費，好好運用的優良奶油餡。而使這款奶油餡成為主角的糕點師，名字就是「Chiboust 吉布斯特」。雖然最適合搭配海綿蛋糕般的主體，但一般大多仍用於塔。在完成空燒的塔皮中，放入沾裹了焦糖的蘋果或洋梨，表面擠上大量的吉布斯特奶油餡，再使表面焦糖化（caraméliser）。外觀與愛之井（→ P27）近似。

水果塔

Tarte aux fruits

使用了多彩繽紛的新鮮水果，塔領域的焦點

◇ 種類：塔　◇ 享用時機：餐後甜點、下午茶
◇ 構成：塔麵團＋奶油餡＋水果

種類繁多的塔，使用了新鮮水果的水果塔，就是櫥窗中最吸睛的存在。在法國糕點店內販售的水果塔（Tarte aux fruits）大致可分為兩種。❶以沒有杏仁片的杏仁塔（amandine → P30）為基底，擠入奶油餡擺放上水果。❷像布爾達盧洋梨塔（→ P32）般，將杏仁奶油餡和水果一起烘烤。絞擠至❶的奶油餡，有卡士達奶油餡、香緹鮮奶油（→ P227）、輕卡士達餡（crème légère → P228）等。有些僅放上草莓，或僅使用覆盆子單一水果的水果塔，也有使用草莓、葡萄、蘋果、奇異果、克萊門汀（Clementine 小柑橘 → P207）等複數水果組合的塔。完成時融化透明的鏡面果膠（nappage neutre → P229）刷塗、篩上糖粉。在本書中，介紹的是省略了杏仁奶油餡，直接以卡士達奶油餡填入的食譜。

標籤上的Tutti-frutti是義大利文「全部是水果」的意思。此名稱的塔，會以好幾種的水果作為裝飾

水果塔（直徑 18cm 的環形模　1 個）

材料

塔麵團
- 無鹽奶油（回復室溫）……50g
- 糖粉……30g
- 鹽……1 小撮
- 蛋黃……1 個
- 低筋麵粉……100g
- 牛奶……1 小匙

卡士達奶油餡
- 蛋黃……2 個
- 砂糖……55g
- 低筋麵粉……10g
- 玉米粉……15g
- 牛奶……300ml
- 香草莢……1/3 根

草莓……1 盒
櫻桃……5 個

櫻桃白蘭地……1 ～ 2 大匙

製作方法

1. 製作塔麵團（→ P225），用保鮮膜包覆後靜置冷藏 30 分鐘。
2. 用擀麵棍擀壓成直徑 22cm 的圓形，用叉子在麵團全體刺出孔洞。
3. 將環形模放在舖有烘焙紙的烤盤上，將 2 舖放到環形模中，切除多餘的麵團。放置冷藏 15 分鐘。
4. 製作卡士達奶油餡（→ P226），倒入缽盆中用保鮮膜緊貼表面放入冷藏室內。
5. 將 3 放進以 180℃預熱的烤箱，空燒 25 ～ 30 分鐘（→ P225）。
6. 洗淨草莓，除去蒂頭後以廚房紙巾拭乾水分。縱向分切成 4 等份。
7. 同樣清洗櫻桃，留下櫻桃梗並以廚房紙巾拭乾水分。
8. 用攪拌器將 4 攪拌至呈滑順狀態，加入櫻桃白蘭地充分混拌。放入裝有圓形花嘴的擠花袋內。
9. 將 8 以渦旋狀絞擠在完全冷卻 5 的塔內。
10. 在 9 的表面裝飾 6、7。

檸檬塔

Tarte au citron

內餡酸甜的人氣塔

◇ 種類：塔　　◇ 享用時機：餐後甜點、下午茶
◇ 構成：塔麵團＋檸檬奶油餡

Tarte au citron 是「檸檬塔」的意思。滋味酸甜的這款塔，是法國人，特別是法國女性的最愛，人氣糕點師們會絞盡腦汁地製作出獨特創新的檸檬塔。在法國的檸檬塔大約可分成三種。❶空燒的塔中，填入以檸檬汁取代牛奶的卡士達奶油餡，所製作出的檸檬奶油餡（Crème au citron ／ Lemon Curd 般）。以沒有杏仁片的杏仁塔（amandine → P30）為基底，擠入奶油餡後擺上水果。❷是在❶的表面覆蓋上蛋白霜，再烘烤出焦糖色。❸是用檸檬汁取代卡士達奶油餡的牛奶倒入塔皮中，同時烘烤內餡與塔。在法國，❶和❷是主流。❶完成的糕點成品會呈現優雅的檸檬黃。❷是在製作檸檬奶油餡時，剩餘的蛋白可以不浪費，完全使用是最大的優點。本書中介紹的是添加了可以使檸檬酸味更加柔和，香緹鮮奶油（→ P227）的食譜配方。

僅填入檸檬奶油餡的檸檬塔

擠上蛋白霜的檸檬塔

Pâtisserie

檸檬塔（直徑 18cm 的環形模　1 個）

材料

塔麵團
- 無鹽奶油（回復室溫）……50g
- 糖粉……30g
- 鹽……1 小撮
- 蛋黃……1 個
- 低筋麵粉……100g
- 牛奶……1 小匙

檸檬奶油餡
- 蛋……1 個
- 蛋黃……1 個
- 砂糖……80g
- 玉米粉……2 小匙
- 檸檬汁……50ml
- 檸檬皮（磨細）……1/2 個
- 無鹽奶油（回復室溫）……10g

香緹鮮奶油
- 鮮奶油……100ml
- 砂糖……1 大匙

製作方法

1. 製作塔麵團（→ P225），用保鮮膜包覆後靜置冷藏 30 分鐘。
2. 用擀麵棍將 1 擀壓成直徑 22cm 的圓形，用叉子在麵團全體刺出孔洞。
3. 將環形模放在舖有烘焙紙的烤盤上，將 2 舖放到環形模中，切除多餘的麵團。放置冷藏 15 分鐘。
4. 將 3 放進以 180°C預熱的烤箱，空燒 25 ～ 30 分鐘（→ P225）。
5. 製作檸檬奶油餡，在缽盆中放入雞蛋攪散，加入蛋黃、砂糖，以攪拌器充分混拌。
6. 依序將玉米粉、檸檬汁、檸檬皮加入 5 之中拌勻。
7. 將 6 移至小鍋中，以小火加熱。用橡皮刮刀在鍋底劃 8 字形地混拌至呈濃稠狀態。待產生稠度後，用冰水冷卻鍋底。
8. 散熱後，將無鹽奶油加入 7，用攪拌器混拌。
9. 製作香緹鮮奶油（→ P227），用保鮮膜包覆後靜置冷藏。
10. 將 9 的 1/3 用量倒入完全冷卻的 8 中，充分混拌。
11. 將 10 倒回 9 中，以橡皮刮刀避免破壞氣泡地大動作混拌。
12. 將 11 倒入完全冷卻的 4 中，以湯匙背印出模紋花樣。

巧克力塔

Tarte au chocolat

濃郁巧克力風味，質樸的塔

◇ 種類：塔
◇ 享用時機：餐後甜點、下午茶、零食
◇ 構成：塔麵團＋甘那許＋雞蛋

Tarte au chocolat 是「巧克力塔」。在法國的巧克力塔大約可分成二種。❶空燒的塔皮中倒入甘那許(→P229)冷卻凝固而成。❷在略微空燒的塔皮中倒入加了雞蛋的甘那許，再繼續烘烤至完成。❶的優點是製作簡單，但在法國卻是以❷為主流。甘那許一般可以想成是用融化的巧克力和鮮奶油以 1：1 的比例混合而成。依想要完成的成品風味，也可以將部分的鮮奶油換成牛奶，或添加無鹽奶油等。❷的填餡中，有時也會添加牛奶、無鹽奶油，甚至是砂糖。

法國的巧克力糕點師所製作的巧克力塔又更特別。在塔皮麵團中加入可可粉，甘那許使用的巧克力品質也不同。在巧克力糕點師眼中，最受歡迎的是法芙娜(VALRHONA)品牌的巧克力。

法式起司蛋糕

Gâteau au fromage blanc

法國版的烤起司蛋糕

◇ 種類：起司糕點
◇ 享用時機：餐後甜點、下午茶、零食
◇ 構成：塔麵團＋新鮮起司內餡

Gâteau au fromage blanc 是法語的「起司蛋糕」。在美國和日本，使用的是奶油起司（cream cheese），但在法國使用的是稱為白起司（fromage blanc → P230）近似優格般滑順的新鮮起司。烘烤完成時，鬆軟的像新鮮起司般的蛋糕。雖然添加了檸檬皮，但不加檸檬汁，因此酸味少、風味柔和。

本來是德國的 Käs Kuchen（德語中的「起司蛋糕」），穿越國界被傳入阿爾薩斯 Alsace，進而推廣至法國全境。在阿爾薩斯稱作 Tarte au formage blane，還有不只在底部，連側面都使用塔皮麵團的類型。近年來，在法國的糕點店也開始製作使用奶油起司的美式起司蛋糕了，或許是美式起司蛋糕非常受到歡迎，所以即使是用了白起司（fromage blanc）也仍以美語 Cheese cake 的名稱來販售。

蘭姆巴巴

Baba au rhum

浸入蘭姆糖漿的潤澤口感極具魅力

◇ 種類：發酵糕點
◇ 享用時機：餐後甜點、下午茶
◇ 構成：巴巴麵團（發酵麵團）＋蘭姆酒糖漿

Rhum 是「蘭姆酒」的意思。紮實的發酵麵團因飽含大量的蘭姆糖漿，所以不需咀嚼就能入口即化。這款糕點的起源，據說與原是波蘭王，後來統治洛林公國的斯坦尼斯瓦夫・萊什琴斯基（Stanisław Leszczyński）有很深的淵源。他的女兒瑪麗・萊什琴斯卡（Maria Leszczyńska）嫁給擁有眾多妻妾的路易十五，為防止易路十五在外流連花心，她與父親策劃命人製作出美味的糕點和料理栓住他的胃，成為著名軼事。或許因為過度喜愛甜食，萊什琴斯基公爵一直苦於牙痛的毛病。據說就是在這種情況下，又無法忘情美食的追求，而想出的「蘭姆巴巴」。

在十八世紀的某天，蘭姆巴巴誕生。關於蘭姆巴巴發明的秘辛，縱觀所有紀載有二種說法。首先是地點，據說是出自萊什琴斯基公爵仍是波蘭王，逃亡至阿爾薩斯的維桑堡（Wissembourg）；另一個說法是在洛林，在成為洛林公爵後，城堡所在地呂內維爾（Lunéville），或主要都市的南錫。其次「蘭姆巴巴」原本是發酵糕點，使用的是庫克洛夫（→ P152）和波蘭傳統發酵糕點「Babka」之名。浸入蛋糕的酒類，有一說是使用匈牙利產的 Tokaj（貴腐酒），和使用西班牙產的Malaga酒（甜葡萄酒）二種說法。因此，關於想出利用酒類軟化發酵糕點的人物，有人說是萊什琴斯基公爵自己，也有人說是服侍公爵的人。最後，「Baba」這個名字的語源，有從「Babka」最後成為「Baba」，或是出自當時萊什琴斯基公爵非常喜愛的讀物『一千零一夜』中的「阿里巴巴與四十大盜」，所以用主人翁的名字來命名。成為現在這樣形態的糕點，則是出自尼可拉・斯朵爾（Nicolas Stohrer → P235）之手。1730 年他在巴黎開設的 Stohrer 店內，在巴巴麵團中填入了卡士達奶油餡和蘭姆葡萄乾，製作成糕點「阿里巴巴」，據說就是接到來自萊什琴斯基公爵的命令，以 Baba 出發製成的糕點。

直到九 O 年代後半，在巴黎的糕點店只要購買巴巴或薩瓦蘭（Savarin → P42），就會替顧客再一次的直接將蘭姆糖漿澆淋在蛋糕上。最近發展成將蘭姆糖漿滴管插入蛋糕中，可依個人喜好地添加。蘭姆巴巴也正在進化中。

插入滴管進化後的蘭姆巴巴

薩瓦蘭

Savarin

向美食家致敬而誕生

◇ 種類：發酵糕點　◇ 享用時機：餐後甜點、下午茶
◇ 構成：薩瓦蘭麵團（發酵麵團）＋糖漿＋奶油餡

『美味的饗宴(直譯：味覺的生理學)』作者，同時也是留下“Dis-moi ce que tu manges, je te dirai ce que tu es. 告訴我你吃什麼樣的食物，我就知道你是什麼樣的人”、“La destinée des nations depend de la manière dont elles se nourrissent. 國民的盛衰，取決於其飲食方法”等名言的布里亞－薩瓦蘭(Jean Anthelme Brillat-Savarin1755-1826)。他是法律人也是政治家，但作為美食家，更是帶給法國食饗(Gastronomy)界巨大影響的重要人物。

創作出薩瓦蘭的是奧古斯丁·朱利安

Pâtisserie

薩瓦蘭（薩瓦蘭模　5 個）

材料

薩瓦蘭麵團
- 溫水（30～40℃）……2 大匙
- 乾燥酵母……2 小匙
- 無鹽奶油……40g
- 高筋麵粉……150g
- 砂糖……30g
- 雞蛋……2 個
- 鹽……2/3 小匙
- 低筋麵粉……1 大匙

卡士達奶油餡
- 蛋黃……2 個
- 砂糖……55g
- 低筋麵粉……10g
- 玉米粉……15g
- 牛奶……300ml
- 香草莢……1/3 根

蘭姆糖漿
- 砂糖……100～200g
- 水……300ml
- 蘭姆酒……4 大匙（60ml）

糖漬櫻桃（紅）……5 個
歐白芷……少許

製作方法

1. 在模型中刷塗奶油，撒上高筋麵粉（皆為材料表外）。
2. 製作麵團。乾燥酵母放入溫水中略混拌，靜置 5 分鐘。
3. 在小型耐熱容器內放入奶油，用微波爐（600W 左右）加熱約 40 秒使其融化。
4. 在缽盆中放入高筋麵粉、砂糖和 2，用手輕輕混拌均勻。
5. 在 4 中一次加入 1 個雞蛋，每次加入後都用手揉和至均勻為止。
6. 將鹽加入 5，揉搓混拌 5 分鐘。
7. 將 3 分兩次加入 6，每次加入都充分混拌。混拌至某個程度，改以揉和 5 分鐘。
8. 低筋麵粉加入 7，混拌至粉類完全消失。
9. 將 8 覆蓋上保鮮膜，放在 30～40℃的溫暖場所（或使用發酵箱）靜置發酵 1 小時。
10. 待 9 膨脹至 2～3 倍後，用拳頭按壓麵團排出氣體。
11. 將 10 分成 5 等份，放入 1 並平整表面。
12. 用 180℃預熱的烤箱烘烤約 20 分鐘。
13. 製作卡士達奶油餡（→ P226），用保鮮膜緊貼表面後靜置冷藏。
14. 製作蘭姆酒糖漿。在小鍋中放入砂糖，加入足以潤濕砂糖的水分，用中火加熱。待沸騰後轉成小火熬煮 5 分鐘。
15. 將 14 移至缽盆中，散熱後加入蘭姆酒充分混拌。
16. 在其他缽盆中放入 13 的半量，用攪拌器混拌至滑順後，填入裝有星形花嘴的擠花袋內，放入冷藏室。
17. 將 12 倒扣並浸泡在 15 中，待膨脹一圈後再取出。
18. 把 16 擠至 17 中央的孔洞內，裝飾上糖漬櫻桃和歐白芷。

＊ 卡士達奶油餡僅使用半量，也可以用 1/2 的材料製作。
＊ 也可以使用香緹鮮奶油（鮮奶油 150ml ＋砂糖 1 又 1/2 大匙→ P227）取代卡士達奶油餡。

(Auguste Jullien → P234)。十九世紀中期，在路易－菲利普(Louis-Philippe)的統治下，交易所廣場(place de la Bourse)附近，朱利安三兄弟在此開設了糕點店。糕點店深受交易所(證券交易所)工作人員們的喜愛。1845年，奧古斯丁・朱利安(Auguste Jullien)將當時暢銷的蘭姆巴巴(→ P40)略加變化，向偉大的布里亞－薩瓦蘭(Brillat-Savarin)致敬。最初據說是命名為「Brillat-Savarin」，奧古斯丁・朱利安不放入蘭姆巴巴會用的葡萄乾，改用切碎的糖漬柳橙；模型也改用環形模，在冷卻後以杏桃果醬刷塗表面呈現光澤。接著在中央孔洞內填入大量的卡士達奶油餡或香緹鮮奶油(→ P227)，再用水果沙拉(→ P134)裝飾。之後奧古斯丁・朱利安混合卡士達奶油餡和打發鮮奶油，成為卡士達鮮奶油，口感更輕盈。

雖然是由蘭姆巴巴衍生出薩瓦蘭，但外觀看起來卻是相當的不同，因為形狀和有無奶油餡吧。薩瓦蘭有時使用的不是蘭姆酒而是櫻桃白蘭地糖漿，但最近蘭姆巴巴和薩瓦蘭的區隔越來越不明顯。例如，像尼可拉・斯朵爾(Stohrer → P235) 1730年在巴黎開設的糕點店 Stohrer (→ P227)販售含有香緹鮮奶油的巴巴。西里爾・利格納克(Cyril Lignac)主廚製作的蘭姆巴巴，就是薩瓦蘭的形狀，並且中央填滿了奶油餡。更有許多將蘭姆巴巴作為小酒館或餐廳的甜點，非常受到歡迎，但幾乎很少聽到供應薩瓦蘭的店家。正因為很相似，薩瓦蘭和蘭姆巴巴，之後會如何共存？或如何進化？也是一種充滿樂趣的期待。

擠上香緹鮮奶油的薩瓦蘭

薩瓦蘭前身，蘭姆巴巴的發源店Stohrer

波蘭女士

Polonaise

別名／Brioche polonaise 波蘭布里歐

被蛋白霜包覆的布里歐

◇ 種類：發酵糕點
◇ 享用時機：餐後甜點、下午茶
◇ 構成：布里歐麵團＋卡士達奶油餡＋糖漬水果＋蛋白霜＋杏仁

Polonaise是「波蘭人、波蘭的」的意思，使用在陰性名詞的形容詞，並且名詞化的字彙。所以就算是波蘭人，Polonaise這個字也是波蘭女性的意思，波蘭男性會變成「Porone」。最初這款糕點，據說是為了將販售剩下的僧侶布里歐brioche à tête（頂端突出的小布里歐／又名巴黎布里歐brioche parisienne）再利用而想出的甜點。因為布里歐是陰性名詞，因此就變成了Brioche polonaise，最後再省略了Brioche。提到為什麼要用「polonaise」來比喻呢，據說是蛋白霜包覆的形狀，就像是波蘭女士的雪白肌膚一樣。那麼，大家可能會想知道，為什麼要特地在表面烤上色吧。

製作方法，是將布里歐薄切成片狀，浸漬在櫻桃白蘭地或蘭姆酒糖漿中。布里歐之間會夾入添加了切碎的糖漬水果的卡士達奶油餡。用義式蛋白霜包覆全體，再撒上杏仁片，在烤箱烘烤至表面略上色。

波蘭女士的歷史可以回溯至十九世紀。不僅是在法國，連英國、美國都出現了相同類型的甜點，可惜的是這也是逐漸消失在巴黎糕點店的甜點之一。

歐培拉（歌劇院）

Opéra

巧克力和咖啡的奢華雙重奏

◇ 種類：巧克力糕點　◇ 享用時機：餐後甜點、下午茶
◇ 構成：杏仁海綿蛋糕麵糊（Joconde）+咖啡糖漿+咖啡奶油霜+甘那許+巧克力

具光澤的巧克力表面優雅的放上金箔，細緻纖薄的杏仁海綿蛋糕(biscuit Joconde → P228)中飽含著大量的咖啡糖漿。有著杏仁海綿蛋糕、咖啡風味奶油餡、甘那許(ganache → P229)層次的就是以歐培拉為名的蛋糕，感覺像是使用洋酒般香醇成熟的風味，但其實完全沒有使用任何酒類。在使用巧克力的經典甜點中，當仁不讓、穩坐最受歡迎寶座。

說到歐培拉，一般的說法是在1955年時由達洛優Dalloyau（→ P234）所構思創作。但事實上，歐培拉的原型早在達洛優Dalloyau之前就已經存在。提出歐培拉構想的，是第一次世界大戰後，在巴士底廣場(Place de la Bastille)旁，再次展店的糕點師路易・克利希(Louis Clichy)。歐培拉的原型就是以他的名字命名為「Clichy克利希」。之後他將糕點店轉讓給糕點師馬塞爾・布加(Marcel Bugat)，同時一併轉讓了的食譜配方。幾年後，布加在親戚間的晚餐聚會時，做出了「Clichy克利希」，他的姻親兄弟十分喜愛。這位姻親是Dalloyau的老闆，名字才由Clichy克利希改成歐培拉Opéra，並在Dalloyau販售。歐培拉Opéra的名字由來，當然是來自位於巴黎市中心的加尼葉歌劇院(Opéra Garnier)。屋頂上聳立著顯眼的金色雕像，因此Dalloyau特別在歐培拉的表面放上金箔來詮釋，還能在所製作的蛋糕表面看到用巧克力寫上的Opéra字樣。

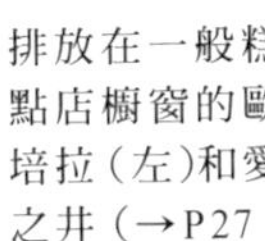

排放在一般糕點店櫥窗的歐培拉（左）和愛之井（→P27）

「Opéra」名稱由來的加尼葉歌劇院

皇家巧克力蛋糕

Royal

別名/Trianon

巧克力和帕林內的濃郁風味

◇ 種類：巧克力糕點
◇ 享用時機：餐後甜點、下午茶
◇ 構成：達克瓦茲（dacquoise）麵糊＋帕林內脆片（croustillant）奶油餡＋巧克力奶油餡＋可可粉

達克瓦茲（→ P228）上，薄薄地塗抹帕林內（→ P229）和薄餅脆片（feuillantine）混和的奶油餡，表面再層疊上厚厚的巧克力慕斯，或是混合了融化巧克力和香緹鮮奶油（→ P227）的巧克力鮮奶油。完成時的裝飾雖然會因店家而不同，但較常見到的是像照片這樣表面撒滿可可粉，或是覆蓋充滿光澤的鏡面淋醬（glaçage miroir → P229）。使用巧克力的經典糕點逐漸消失中，但這款皇家巧克力蛋糕仍保持著高人氣。

Royal 的意思是「皇家的」，另外的稱呼是「Trianon 特里亞農」，來自路易十四建造凡爾賽宮庭園的離宮名稱。無論哪一個，命名都非常高貴。可惜的是關於這款糕點的起源時間，或是發想歷史，都已經無從追溯。

Colonne 2

關於巧克力蛋糕

法國人，不分男女老幼都非常喜歡巧克力。在前面也曾提到，媽媽的手作點心最具代表性的就是巧克力蛋糕（Gâteau au chocolat→P145）。名稱依食譜配方而有所不同，有「軟芯 Fondant」、「熔岩 Moelleux」等，但無論如何使用了大量巧克力的蛋糕，仍是不動如山地受到大家的喜愛。法國的超市中，約 200g 的糕點專用板狀巧克力，和即食用的板狀巧克力並排在貨架上。

糕點店裡，無論什麼樣的巧克力蛋糕都有，櫥窗中的蛋糕有三成都使用了巧克力。從春季到夏季，巧克力系列會減少，使用水果的種類會增加。秋季進入冬季時，連同咖啡或帕林內風味的蛋糕，會隨著巧克力系列逐漸增加。

使用巧克力的經典代表，就是歐培拉（Opéra→P46）。皇家巧克力蛋糕（Royal→P48）也有很多店家製作；與櫻桃組合，誕生於德國的黑森林蛋糕（Forêt-Noire→P58）也非常受到喜愛。除了這些經典糕點之外，還有創作的巧克力蛋糕陣容，正可以看出糕點師的本領。例如，以三種巧克力組合完成；巧克力搭配覆盆子或柳橙等水果，糕點師們無不極盡所能地下工夫。

在此介紹幾款值得留存在記憶中，代表性的經典巧克力糕點。

隆襄 Longchamp／巴黎郊外賽馬場的名字。由達克瓦茲（→P228）＋巧克力奶油餡或巧克力慕斯＋蛋白霜＋巧克力＋杏仁碎製成，有黑巧克力版和牛奶巧克力版。

和諧 Concord／Lenôtre 的創業者賈斯通・雷諾特（Gaston Lenôtre→P234）所發想出的巧克力蛋糕，以添加可可粉的蛋白霜和巧克力慕斯製作。

秋之葉 Feuille d'automne／意思是「秋之葉」。1968 年賈斯通・雷諾特構想出的巧克力蛋糕。頂端比總統 Président（參考下方）更厚實的巧克力花邊。由勝利杏仁夾心蛋糕（succès→P228）＋蛋白霜＋巧克力慕斯＋巧克力構成。

總統 Président／「總統」的意思。在里昂巧克力糕點老店 Bernachon 創作的巧克力蛋糕，也是店內的招牌糕點。1975 年廚師保羅・博庫斯（Paul Bocuse→P235）獲頒法國榮譽軍團勳章（Légion d'honneur 法國最高勳章），由總統親自頒發時所構思發想出來。由巧克力海綿蛋糕＋帕林內甘那許（→P229）＋櫻桃利口酒漬櫻桃＋巧克力來製作。

最右邊的蛋糕是隆襄（Longchamp）

用巧克力漂亮地製作出蕾絲般花邊的總統（Président）

Pâtisserie

蛋白餅

Meringue

蛋白和砂糖打發製作的美味藝術品

◇ 種類：蛋白餅　◇ 享用時機：餐後甜點、下午茶、零食
◇ 構成：蛋白＋砂糖

將蛋白和砂糖打發至顏色發白製作的就是「蛋白霜」，法語則叫「Meringue」。為避免混淆之後烘烤過的都會直接標記為「蛋白餅」。蛋白霜依作法可分成三種。打發至某個程度顏色發白的蛋白中加入砂糖打發的叫「法式蛋白霜」，主要用於混拌至蛋糕、舒芙蕾等麵糊中。蛋白和砂糖（粉）混合，邊隔水加熱邊進行打發製作的稱作「瑞士蛋白霜」，在法國是用於蛋白餅、和作為蛋白餅冰淇淋 Vacherin 或帕芙洛娃 Pavlova（都是→ P52）的基底。少量砂糖與蛋白一起打發，再將熱糖漿加入持續進行打發的是「義式蛋白霜」，被用在奶油餡、慕斯、蛋白霜塔的頂端、馬卡龍等。

六世紀時，東羅馬帝國的醫生發現蛋白打發後顏色會發白。在法國從文藝復興時代起，蛋白霜也開始被用於料理中。拉・瓦雷納（La Varenne → P235）在 1651 年出版的“Le Cuisinier François 法國的廚師”，就記載了近似現在義式蛋白霜製作方法的食譜配方（→ P95）。

蛋白餅，是瑞士一個稱為邁林根 Meiringen 的小鎮上，名為加斯帕里尼（Gasparini）的糕點師在 1720 年所創作。據說後來他獻給路易十五的王妃，瑪麗・萊什琴斯卡（Maria Leszczyńska）時，就取小鎮之名稱為「邁林根 meiringen」的說法廣為人知。但專家們認為這個說法的可信度很低。

法國糕點店的櫥窗中經常可看見排放著驚人的巨大烤蛋白餅，糕點店因為製作卡士達奶油餡時必須使用大量蛋黃，總是會留下許多蛋白。

擠成小狗模樣，形狀可愛的烤蛋白餅

會使用蛋白製作成烤蛋白餅，或以蛋白餅為基底製作蛋糕等。或許不太有人知道，蛋白餅製作蛋糕最具代表的就是蒙布朗（Mont-Blanc → P53）。在烤蛋白餅中填入冰淇淋或雪酪的 Vacherin，也是蛋白餅冰淇淋。Vacherin 這個名字據說是因為蛋白餅冰淇淋是仿「Vacherin Mont d'Or 金山起司」而製作，但其實形狀只比卡門貝爾（Camembert）起司略大，也沒有什麼獨特的特徵，我覺得也並不一定非叫「Vacherin」不可。

2015 年開設的專賣店，粉絲群不斷擴大的就是帕芙洛娃 Pavlova。蛋白餅的基底上放打發鮮奶油和新鮮水果，輕快可愛的視覺饗宴人氣爆棚。帕芙洛娃是出現在 1920 年代，冠以俄羅斯的芭蕾舞者安娜・帕芙洛娃（Anna Pavlova）之名的甜點，也有人說發源地是澳大利亞和紐西蘭。

蛋白餅一旦接觸到濕氣，很快就會變軟，想要在香脆狀態下品嚐，空氣乾燥的法國就是最佳之處。

大型、色彩豐富的烤蛋白餅

以帕芙洛娃Pavlova為主打，開業的專賣店La Meringaie

Pâtisserie

蒙布朗

Mont-Blanc

用栗子泥呈現雪山的糕點

◇ 種類：蛋白餅
◇ 享用時機：餐後甜點、下午茶
◇ 構成：蛋白餅＋香緹鮮奶油＋栗子泥

Mont-Blanc 不用多說，就是為人所熟知4000 公尺等級，歐洲阿爾卑斯山的最高峰，位於法國與義大利邊境。義大利文是「Monte Bianco」，無論哪個語言，意思都是「白色的山」。蒙布朗誕生於十五世紀末的義大利，在 1620 年左右傳入法國。之後1903 年，在巴黎老店 Salon de thé Angelina開業時，借創業者安托萬・魯姆佩爾邁爾（Antoine Rumpelmayer）之手流傳至世界。根據巴黎國際圖書館進行的調查，也有蒙布朗是二十世紀 Angelina 廚房所創作的說法。而且，擠成細絲狀的栗子泥覆蓋的起源，一般現在認為是白朗峰形狀的想法，據說也是出自 Angelina，由女性得到的靈感。法國的蒙布朗是以蛋白餅、香緹鮮奶油（→ P227）、栗子泥所組成，與日本一向以海綿蛋糕製作的蒙布朗有些差異。

外型相當有格調的蒙布朗

巧克力蛋白球

Boule

別名／黑人頭Tête de nègre，其他多種別稱

黑圓形狀的蛋白餅

◇ 種類：蛋白餅
◇ 享用時機：餐後甜點、下午茶、零食
◇ 構成：蛋白餅＋奶油餡＋糖粒

Boule是法語「球」的意思。關於照片中的糕點，是將二個烘烤成半球形的烤蛋白餅夾入巧克力奶油餡，周圍不留間隙地塗抹巧克力糖粒。這個糕點的正式名稱應該還沒有確定，依店家而各有不同命名應該是最大的共通點。在各種不同名稱中，有加入nègre（黑人）單字的Têre de nègre（黑人頭）或Têre au chocolat（巧克力頭）、Othello（莎士比亞作品主人翁奧賽羅）等，據說是因為莎士比亞筆下的奧賽羅皮膚深黑而來。

與巧克力蛋白球同樣類型的蛋白餅中，還有Merveilleux。法國北部和比利時的地方糕點，烤蛋白餅夾入添加巧克力的香緹鮮奶油（→ P227），沾裹上巧克力碎。諾爾（Nord）地方的主要都市里爾（Lille）的Merveilleux巧克力蛋白球專賣店Aux Merveilleux de Ferd也挺進巴黎，相當受歡迎。

最前方中央處就是Aux Merveilleux de Ferd的「Merveilleux」。咖啡風味、帕林內風味等，變化十分豐富

卡士達布丁（外交官）

Diplomate

別名 / Ambassadeur、Pudding à la diplomate

優雅的法式布丁

◇ 種類：再利用的糕點
◇ 享用時機：餐後甜點、下午茶、零食
◇ 構成：雞蛋＋砂糖＋牛奶＋手指餅乾等蛋糕體＋糖漬水果或葡萄乾

Diplomate，簡單而言就是不用麵包而用蛋糕體製作的布丁。蛋糕體使用的是手指餅乾或海綿蛋糕等，也可以使用布里歐。將蛋糕體切成喜好的大小，以雞蛋、砂糖、牛奶製作奶蛋液，混合切碎的糖漬水果或葡萄乾，倒入模型烘烤。確實冷卻後佐以卡士達醬享用，也不要忘了用櫻桃白蘭地或蘭姆酒來增添香氣。

Diplomate 是「外交官」的意思。別名「Ambassadeur 大使」也是外交官。據說就是因為這款糕點在歷史上著名的維也納會議（1814-1815）下誕生。當時代表法國出席此會議的是安東尼．卡漢姆（Antonin Carême → P234）的雇主，也就是當時的外交部長德塔列朗（Talleyrand），當然卡漢姆也隨行至維也納。卡漢姆主導的晚宴得到很高的評價，因此聲名大噪。這個糕點是因德塔列朗部長的指示？或是卡漢姆看到會議長時間的爭論而發想？卻不可考，但與時間無關，以無論何時都能美味品嚐的甜點而言，非卡士達布丁莫屬。

無花果

Figue

可愛粉綠的無花果

◇ 種類：再利用的糕點
◇ 享用時機：餐後甜點、下午茶、零食
◇ 構成：蛋糕體＋鮮奶油或融化奶油＋乾燥水果或糖漬水果

Figue是法語的「無花果」。在法國，綠色與紫色的無花果同樣受歡迎。綠色的部分是以杏仁膏(marzipan)製作，中間放入不可思議的內餡。內餡是切下的蛋糕體邊角加上糖漬乾燥水果或糖漬水果，依享用時機也可添加杏仁粉或可可粉等，接著注入鮮奶油或融化奶油等液體，使材料變得柔軟。糕點師們在作業中切下的蛋糕體邊角等，居然有令人驚訝的美味。在這些蛋糕體中加入什麼樣的材料會因各家而有所不同，因此味道、顏色、結構也各不相同。將材料滾圓後包覆上綠色的杏仁膏，就是無花果；作成橢圓形再包覆上粉紅色的杏仁膏，下一點精細的工夫就成了小豬(Petitcochon)；一樣的橢圓形包覆白色杏仁膏，加上一點凹陷再撒上椰子粉，就成了馬鈴薯(Pomme de terre)。這三款是蛋糕體包覆杏仁膏再利用的經典糕點。

用粉紅色杏仁膏包覆著的可愛小豬

草莓蛋糕

Fraisier

春日宣言的草莓蛋糕

◇ 種類：蛋糕
◇ 享用時機：餐後甜點、下午茶
◇ 構成：海綿蛋糕＋慕斯林奶油餡＋草莓

Fraisier 直譯就是「草莓樹」，不只草莓果實，還包含莖、葉植物的部分。糕點「Fraisier」使用了大量草莓，以及裝飾上使用的紅色與粉紅色，大大增添了櫥窗的華麗度，也展現了春天到訪的氣息。

這個蛋糕，在浸潤了櫻桃白蘭地的兩片海綿蛋糕之間，夾入了慕斯林奶油餡（crème mousseline → 229）和新鮮的草莓。表面覆蓋上翻糖（fondant → 229）和薄薄擀開的杏仁膏，點綴上草莓就是可愛的成品了。

現在的 Fraisier，則成了使用草莓的蛋糕，可以說是點點滴滴進化後的結果，什麼時候？是誰的構思？已經曖昧難查了。皮耶・拉康（Pierre Lacam → 235）在 1900 年出版的著作中有關於 Fraisier des bois（野草莓）的記載。其中寫著在浸潤櫻桃白蘭地的海綿蛋糕上裝飾帶著香氣的小顆野草莓，並覆蓋上打發的鮮奶油。完成時，裝飾上淡粉紅色的翻糖、野草莓、開心果。只從這樣的記錄描述就能想像和現在的 Fraisier 草莓蛋糕很像。之後 1960 年，賈斯通・雷諾特（Gaston Lenôtre → 234）構思的 Bagatelle 就登場了。這是從巴黎近郊以玫瑰著名的巴加特爾公園（Parc de Bagatelle）而來，也成了現今 Fraisier 草莓蛋糕的範本，使草莓蛋糕從此聲名大噪。

黑森林蛋糕

Forêt-Noire

源自德國的櫻桃蛋糕

◇ 種類：巧克力糕點
◇ 享用時機：餐後甜點、下午茶
◇ 構成：巧克力海綿蛋糕＋香緹鮮奶油＋櫻桃＋巧克力

Forêt-Noire 是法語「黑森林」的意思。這款蛋糕是德國最具代表性的糕點，穿越國境在世界各地廣受喜愛。德語是「Schwarzwälder Kirschtorte」，德語的「Schwarzwald」就是「黑森林」的意思，實際上德國西南部有著大片的森林。在法國 Kirsch 是「櫻桃白蘭地」，但在德國則是指「櫻桃」。

這款蛋糕，使用的是浸潤了櫻桃白蘭地的圓形巧克力海綿蛋糕、香緹鮮奶油（→ P227）、酸櫻桃的組合，再覆蓋上香緹鮮奶油和巧克力片。最近法國出現了很多如照片般的變化組合，材料中的黑色、奶油色搭配櫻桃的紅色，據說是模仿過去住在黑森林中，穿著民族衣裳的年輕女孩兒。黑色衣裙搭配衣袖膨鬆的白襯衫，頭戴裝飾著紅球的帽子。

在德國，據說距今約 100 年前，發想出這款蛋糕的是二位糕點師，但至今還沒有明確的答案。

雖然是長方形，但卻更近似原始的黑森林蛋糕

Pâtisserie

摩卡蛋糕

Moka

咖啡奶油霜的蛋糕

◇ 種類：蛋糕
◇ 享用時機：餐後甜點、下午茶
◇ 構成：海綿蛋糕＋咖啡奶油霜＋杏仁

Moka，是葉門向歐洲輸出咖啡的港口名。由此，即使在糕點世界中「Moka＝咖啡風味」的方程式也能成立。以「Moka」命名的蛋糕，也是用海綿蛋糕＋咖啡風味奶油餡來完成的。

Moka，據說是1857年時，位於貝西路（rue de Buci 現在巴黎六區）的糕點店師傅－吉爾納德（Guignard）所製作。這個店就是承接他的老師，著名糕點師奎爾特（Quillet），奎爾特就是想出奶油霜的糕點師。因此奶油霜有一段很長時間都被稱為「奎爾特的奶油霜」。奎爾特的奶油霜和現今的奶油霜幾乎沒有不同。在蛋黃中少量逐次地加入熱糖漿，邊加入邊持續攪拌至全體冷卻為止。完成時加入柔軟的奶油混合而成的。吉爾納德想出的摩卡蛋糕，是在蛋糕上覆蓋咖啡風味的奶油霜，側面黏上切碎的杏仁，再用剛開發出裝有星型擠花嘴的擠花袋，將奶油霜擠成花形並裝飾上咖啡豆。

咖啡風味的經典糕點還有馬拉科夫（Malakoff）。使用的是達克瓦茲（→ P228）之間夾入咖啡奶油霜。克里米亞戰爭（Crimean War）時，因法國將軍欲搶奪「Malakoff Tower 馬拉科夫塔」而由此命名。

聖誕蛋糕

Bûche de Noël

經典的聖誕節木柴蛋糕

◇ 種類：蛋糕　◇ 享用時機：餐後甜點、節慶糕點
◇ 構成：蛋糕卷＋奶油餡＋蘭姆葡萄乾

Bûche de Noël 的意思是「聖誕節的木柴」。在法國，從過去至今沒有改變的是，從平安夜就會家族集合地進行祈禱。過去，因為要一起渡過午夜彌撒，因此有各自攜帶木柴一起過節的習慣，才衍生出這樣的蛋糕。本來是將蛋糕卷作成木柴的樣子，現在則是使用像隧道般的樋狀模型，製作出慕斯類的木柴蛋糕蔚為主流。經由皮耶・拉康（Pierre Lacam → P235）不斷調查的結果，在他自己的書中曾記錄描述蛋糕的起源，或許出自貝西路（Rue de Buci 現在的巴黎六區）14 號的糕餅店師傅安東尼・夏哈波（Antoine Charabot）。

Pâtisserie

聖誕蛋糕（長 20cm　1 條）

材料

蘭姆葡萄乾
- 葡萄乾……70g
- 蘭姆酒……50ml

蛋糕卷麵團
- 低筋麵粉……30g
- 玉米粉（或太白粉）……30g
- 雞蛋……3 個
- 油……1 大匙

摩卡奶油霜
- 即溶咖啡……1 大匙
- 蘭姆酒……1 大匙
- 蛋黃……1 個
- 糖粉……50g
- 無鹽奶油（回復室溫）……200g

熱水……1 大匙

製作方法

1 葡萄乾用熱水浸泡 10 分鐘，變軟後瀝去水分切碎，澆淋上蘭姆酒。
2 將 30cm 方形的烘焙紙四角折起，用釘書機固定，製作成長 25cm、高 2.5cm 的正方形。
3 製作麵糊。混合低筋麵粉和玉米粉，用叉子充分混合。
4 在缽盆中打入雞蛋，用攪拌器充分攪散。
5 在 4 中加入砂糖，在缽盆底部隔水加熱，攪打至顏色發白的濃稠狀。
6 在 5 中添加油類，略略混拌。邊過篩 3 邊加入缽盆中，用橡皮刮刀以切拌方式混拌至粉類完全消失。
7 靠近 2 的一側倒入 6。
8 用 180°C預熱的烤箱烘烤約 12 分鐘。
9 完成烘烤後，立即用保鮮膜覆蓋。待散熱後，撕去烘焙紙，將蛋糕體放置在乾淨的烘焙紙上，連同烘焙紙一起用保鮮膜包覆。
10 製作奶油霜。以蘭姆酒融化即溶咖啡。
11 在缽盆中放入蛋黃、糖粉，用攪拌器充分混拌。
12 將 10 加入 11 中，充分混拌。
13 少量逐次地將軟化的奶油加入 12 中，混拌至奶油顆粒完全消失為止。
14 將 1 的葡萄乾瀝出後的蘭姆酒中，加入 1 大匙的熱水，用毛刷塗抹在步驟 9 具有烤色的蛋糕那一面。
15 在 14 的前後各留 1cm 間隙，抹上 1/2 用量的 13，在全體表面撒上 14。
16 將 15 從身體方向朝外，不留間隙地確實捲起來，捲起後用底部的烘焙紙包捲，置於冷藏約 1 小時。
17 兩端各切除 1cm 厚。由其中一端再切下 3cm 厚片，放在蛋糕體上。
18 將其餘的 13 放入裝有齒狀擠花嘴的擠花袋內，擠在全體蛋糕上。
19 依個人喜好放上聖誕裝飾。

＊沒有齒狀擠花嘴時，可在表面塗抹奶油霜後，用叉子劃出線條。

國王餅

Galette des rois

主顯節(Epiphany)時享用的杏仁奶油餡餅

◇ 種類：餡餅
◇ 享用時機：餐後甜點、下午茶、節慶糕點
◇ 構成：折疊派皮麵團＋卡士達杏仁奶油餡

Galette des rois意思是「國王的烤圓餅」。在法國1月6的主顯節(Epiphany → P63)，傳統會享用這款點心。在法國北部包括巴黎，會吃像照片般將折疊派皮麵團填入卡士達杏仁奶油(crème frangipane → P228)的餡餅，而法國南部則是享用以糖漬水果裝飾的布里歐。若吃到藏在餡餅中的 fève (陶磁小人偶或是小物)的就是國王！也是這款糕點的樂趣所在吧。分食成員中年紀最小的人要躲在桌下，在看不到地情況下，指示分配(也可以說是指示將切好的國王餅分配給在場的哪一位)。吃到 fève 的人可以戴上皇冠，當一整天的國王或女王。

這個習慣可以追溯到古羅馬時代，當時是為了讚頌農業之神薩圖恩努斯(Saturnus)的祭典，到了基督教時代，則是與主顯節(Epiphany)一起慶祝。fève 是「蠶豆」的意思，也是古羅馬時代，放入乾燥蠶豆開始。現在則是以陶磁偶來代用，但仍延用過去的名稱。據說這是因為蠶豆是春天最早結果的蔬菜，像是胎兒的形狀，被認為是「生命的象徵」。

Colonne 3

關於法國的宗教盛事與糕點

在法國，配合基督教節日享用的糕點相當多。
基督教傳入前就已存在，
古羅馬的祭神習俗也仍保留著，再加上當時的生活習慣，
成為現在令人十分感興趣的形態。

1月6日
主顯節（Epiphany）

國王餅（Galette des rois）→P62

主顯節是「慶祝耶穌基督首次顯露的日子」。耶穌誕生於12月25日，由東方前來的三賢士謁見剛誕生的耶穌，所以被認為是耶穌降生後首次顯露，而這天就訂為1月6日。若是到了法國南部，國王餅（Galette des rois）就會變成布里歐麵團。

2月2日
聖燭節（Chandeleur）

（聖主瑪利亞行潔淨禮之日）

可麗餅（Crêpes）→P102、
梭子餅（Navettes）→P218

耶穌基督誕生（聖誕節／12月25日）四十天的日子。瑪利亞產後四十天，是耶穌基督行潔淨禮儀式之始。同時，教會燃起蠟燭以驅除惡靈，同時祈求今年豐收。Chandeleur是「蠟燭」的意思，語源來自於「Chandelle」。在農家，因為這個時候開始播種小麥，剩餘的小麥磨成粉之後製成可麗餅（Crêpes），邊享用邊期待春日降臨。而食用可麗餅的習慣，至今仍保留。在馬賽則是有享用梭子餅（Navettes）的習俗。

a

b

國王餅 Galette des rois（a）、放入國王餅中的fève（b）。fève陶瓷偶的呈現有非常豐富的變化，也有專門的收藏家

Pâtisserie

2月至3月
狂歡節、嘉年華(Carnival)
油膩星期二(Mardi Gras)

可麗餅(Crêpes)→P102、法式炸麵團(Bugnes)→P198、格子鬆餅(Gaufres)→P162

進入斷食的四旬節之前，大口吃肉、喝酒、盡情歡樂的祭典，就是嘉年華。這個時期，會製作可麗餅(Crêpes)、法式炸麵團(Bugnes)、格子鬆餅(Gaufres)等。特別是嘉年華的最後一天，就是油膩星期二(Mardi Gras)，至今仍保有食用可麗餅的習慣。

3月下旬至4月下旬
復活節(Pâques、Easter)

巧克力等

復活節是紀念耶穌基督被釘在十字架，三天之後復活的節日。復活節是「春分月圓之後第一個星期日」，合併翌日的星期一作為節日。糕點店的櫥窗中排滿了象徵「生命」、「誕生」、「多產」印象的雞蛋、母雞、兔子、小雞等形狀的巧克力或蛋糕。阿爾薩斯有特別的糕點(→P156)。

5月上旬至6月上旬
五旬節(Pentecôte)

科隆比耶蛋糕(colombier)

復活節後的第五十天。是聖靈傾注在耶穌基督的門徒身上，同時也是向別人傳揚福音，教會產生的紀念日。法國第二大都市馬賽一帶，會食用烘烤的科隆比耶蛋糕(colombier)。這是使用大量南法特產的杏仁製成的粉，與糖漬的哈蜜瓜或杏桃等水果，一起烘烤製成的奶油蛋糕。

12月6日
聖尼古拉節(Saint Nicholas Day)

聖尼古拉麵包(manala / mannele)、茴香餅乾(Pain d'ains)→P156

兒童保護者的聖尼古拉(Saint Nicholas)離世當天，也是孩童的節日。聖尼古拉(Saint Nicholas)的樣貌與帶給小朋友禮物的形象，與現代的聖誕節習俗多有重疊。在阿爾薩斯 - 洛林，會食用以布里歐麵團做出娃娃形狀的聖尼古拉麵包。聖尼古拉形狀的扁平茴香餅乾也是這個時期上市。

12月25日
聖誕節(Noël)

聖誕蛋糕(Bûche de Noël)等

耶穌基督誕生的節日。在聖誕夜有享用聖誕蛋糕(Bûche de Noël→P60)的習俗。在南法，會享用稱為13道甜點(Treize desserts)，集合了十三道甜點的糕餅。所謂的十三種，是用橄欖油揉和的布里歐為主，加上乾燥水果、卡里頌杏仁餅(Calissons→P216)或牛軋糖(→P116)等。阿爾薩斯則會製作添加了堅果和乾燥水果的硬質洋梨麵包(Berawecka→P158)。13道甜點(Treize desserts)和洋梨麵包(Berawecka)都是在沒有新鮮水果的冬季製作的甜點。

另外還有一個是使用乾燥水果和堅果時期才有的小點心。就是意思為「偽裝的水果Fruits déguisés」的糖霜水果。在法語中，乾燥水果或堅果都稱作Fruit sec，偽裝的水果(Fruits déguisés)的Fruits指的是糖漬水果這一類。這些搭配色彩鮮艷的杏仁膏，再撒上砂糖，就能製作出覆蓋著透明糖霜的成品。九O年代後半，曾經在靠近諾爾(Nore)附近的麵包坊兼糕點店見過，但最近幾乎找不到了。

狂歡節時可以在法國南部嚐到，稱作「Oreillette」的貝涅餅（Beignet）

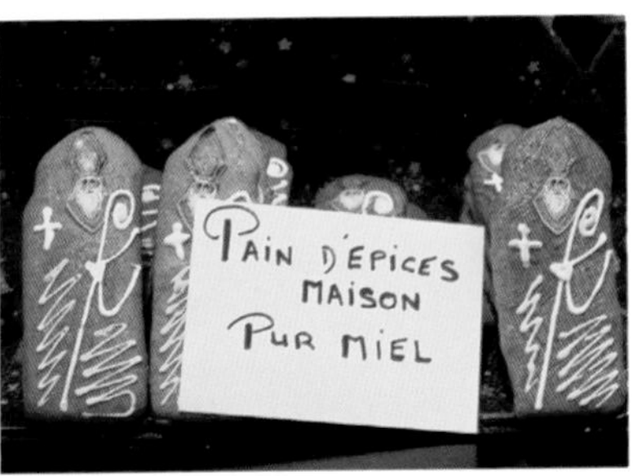

象徵聖尼古拉的扁平茴香麵包（Pain d'ains）

象徵巢的復活節巧克力蛋糕，用兔子和小雞作為裝飾

巴黎糕點店的聖誕蛋糕（Bûche de Noël）

馬賽糕點店販售，充滿色彩裝飾的科隆比耶蛋糕

糖霜水果（Fruits déguisés）

水果蛋糕

Cake aux fruits

別名／糖漬水果蛋糕Cake aux fruits confits

馬賽克般色彩豐富的水果蛋糕

◇ 種類：蛋糕　◇ 享用時機：餐後甜點、下午茶、零食
◇ 構成：麵粉＋雞蛋＋乾燥水果＋糖漬水果

Gake aux fruits 是「水果蛋糕」的意思。雖然不確定是什麼時代，但據說是仿英國的「plum pudding 黑李布丁」法國也開始製作。在英國原本提到乾燥水果，指的就是「plum 黑李」，正如其名僅用 plum 來製作。隨著種類的增加，plum 成了乾燥水果的總稱，最後徒留此名。

Gake aux fruits 是添加了蘭姆酒漬的糖漬水果（fruit confit）、葡萄乾等乾燥水果的磅蛋糕。主角的糖漬水果，在古代也確實存在。文藝復興時代，人們為了避免生食水果，而有了很發達的「糖漬」保存技術。1999 年預言人類滅亡的占星家－諾斯德拉達姆斯（Nostradamus），同時也是醫生兼藥草調配師。曾在自己的著作中記載在義大利學習到果醬等糖漬的技術，在法國推廣。

法國南部，從以前開始就盛行水果的栽植，所以也製作糖漬水果。普羅旺斯的阿普特（Apt）自古以來的名產就是糖漬水果，現今也仍是一座以糖漬水果聞名的小鎮。只要到了阿普特，就能遇到許多美麗的糖漬水果，像用於卡里頌杏仁餅（→ P216）的糖漬哈蜜瓜，以及杏桃、克萊門汀（Clementine 小柑橘）、無花果、洋梨等。

水果蛋糕（17.5×8×6 cm 的磅蛋糕模 1 個）

材料

- 葡萄乾……100g
- 蘭姆酒……1 大匙
- 乾燥杏桃……50g
- 乾燥黑李（無籽／柔軟型）……50g
- 乾燥櫻桃（紅色）……15g
- 乾燥櫻桃（綠色）……15g
- 低筋麵粉……150g
- 泡打粉……1 小匙
- 無鹽奶油（回復室溫）……100g
- 砂糖……60 ～ 70g
- 雞蛋（回復室溫）……2 個
- 橙皮（5mm 塊狀）……30g

製作方法

1. 將烘焙紙鋪放在模型內。
2. 葡萄乾以熱水浸泡 10 分鐘，變軟後瀝去熱水，淋上蘭姆酒。
3. 杏桃、黑李切成葡萄乾的大小，乾燥櫻桃切成一半。
4. 混合低筋麵粉和泡打粉，用叉子充分混合。
5. 在缽盆中放入奶油，用攪拌器攪打至柔軟為止。
6. 將砂糖逐次少量地加入 5 中，混拌至顏色發白膨鬆為止。
7. 一次一個地將雞蛋加入 6 中，每次加入後都充分混拌。
8. 瀝乾蘭姆酒，在 2、3、橙皮中撒入 4 的 1/4 用量，拌勻。
9. 過篩其餘的 4 加入 7 中，混入 8，用橡皮刮刀以切拌的方式混拌至粉類完全消失為止。
10. 把 9 倒入 1 中，用保鮮膜包覆後靜置冷藏一夜。
11. 放進以 180°C預熱的烤箱，烘烤 1 小時。

＊若麵糊幾乎溢出模型時，可以在模型的長邊側面插入厚紙片

大理石蛋糕

Cake marbré

別名／Gâteau marbré

有著黑白圖紋的蛋糕

◇ 種類：蛋糕　◇ 享用時機：餐後甜點、下午茶、零食
◇ 構成：麵粉＋奶油＋雞蛋＋砂糖＋可可粉

創業於 1931 年的糕餅廠商 Brossard，1962 年開始販售稱為 Savane 具有大理石紋的磅蛋糕，而且成了熱賣商品。之後在蛋糕上製作出大理石紋的手法就在法國傳開了。

大理石蛋糕（17.5×8×6 cm 的磅蛋糕模　1 個）

材料

無鹽奶油（回復室溫）……150g
砂糖……100g
鹽……1 小撮
雞蛋（回復室溫）……3 個
低筋麵粉……75g＋60g
泡打粉……2 小匙
可可粉（無糖）……15g

製作方法

1 將烘焙紙舖放在模型內。
2 在缽盆中放入奶油，用攪拌器攪打至柔軟為止。
3 將砂糖逐次少量地加入 2 中，混拌至顏色發白膨鬆為止。
4 一次一個地將雞蛋加入 3 中，每次加入後都充分混拌。
5 將 4 分成兩等份，在另外的缽盆中放入 1/2 量。
6 混合 75g 低筋麵粉和 1 小匙泡打粉，用叉子充分混合。
7 混合 60g 低筋麵粉、可可粉和其餘的泡打粉，用叉子充分混合。
8 過篩6並加入一半的5中，用橡皮刮刀以切拌的方式混拌至粉類完全消失為止。
9 過篩其餘的 7 加入另一半的 5 中，用橡皮刮刀以切拌的方式混拌至粉類完全消失為止。
10 將 8 和 9 各倒入 1/4 量至 1 內，兩者交替地倒入。
11 使 10 呈大理石紋地用筷子劃出二次 S 字型。用保鮮膜包覆後靜置冷藏一夜。
12 放進以 180℃預熱的烤箱，烘烤 1 小時。

＊若麵糊幾乎溢出模型時，可以在模型的長邊側面插入厚紙片

Pâtisserie

週末蛋糕

Cake week-end

別名 / Cake au citron檸檬蛋糕

澆淋半透明糖霜的檸檬蛋糕

◇ 種類：蛋糕
◇ 享用時機：餐後甜點、下午茶、零食
◇ 構成：麵粉＋奶油＋雞蛋＋砂糖＋酸奶油＋檸檬

巴黎老店 Dalloyau（→ P234）為促進巴黎人在週末（week-end）購買糕點，在 1955 年發想出的檸檬風味蛋糕。week-end 雖然是英文，但在法語也有（Bon week-end 周末愉快）的問候語，可見這個單字已經融入法語中了。在法國，很多地方會將週末蛋糕膨脹起來的部分切平後倒扣，澆淋上糖霜販售。但本書為了避免浪費，直接以膨脹面朝上。

週末蛋糕
（17.5×8×6 cm 的磅蛋糕模　1 個）

材料

無鹽奶油……50g
低筋麵粉……120g
泡打粉……1 小匙
雞蛋（回復室溫）……2 個
砂糖……100g
酸奶油……50g
檸檬皮（磨碎）……1 個

鏡面糖霜
檸檬汁……1 個
糖粉……30g

製作方法

1. 將烘焙紙舖放在模型內。
2. 在耐熱容器中放入奶油，用微波爐（600W 左右）加熱約 1 分鐘使其融化。
3. 混合低筋麵粉和泡打粉，用叉子充分混合。
4. 將雞蛋打入缽盆中，加入砂糖用攪拌器充分攪拌。
5. 待 4 降溫後，依序加入 2、酸奶油、檸檬皮，每次加入後都充分混拌。
6. 將 3 過篩至 5 中，用橡皮刮刀以切拌的方式混拌至粉類完全消失為止。
7. 將 6 倒入 1 中，放進以 160℃預熱的烤箱，烘烤 1 小時。
8. 製作鏡面糖霜。取 2 小匙檸檬汁備用，其餘刷塗在 7 的各個表面。
9. 將 2 小匙檸檬汁和糖粉混拌，澆淋在冷卻後 8 的表面。

熱內亞蛋糕

Pain de Gênes

添加杏仁粉的柔軟口感

◇ 種類：蛋糕　◇ 享用時機：餐後甜點、下午茶、零食
◇ 構成：玉米粉＋雞蛋＋砂糖＋杏仁

Pain de Gênes 意思是「熱內亞的蛋糕」。熱內亞是義大利北部的都市，即使是糕點也稱作「pain 麵包」，就像是香蕉蛋糕也被稱作「Banana bread」。海綿蛋糕是撒上杏仁片、麵糊中加入大量杏仁粉的 RICH 類(高奶油／糖成分)的烘烤糕點。

這款糕點，據說是 1855 年由聖多諾黑市郊路(Rue du Faubourg Saint-Honoré)上著名的糕點店 Chiboust 的糕餅主廚福維爾(Fauvel)所創作的。福維爾是製作出聖多諾黑(Saint-Honoré → P18)、薩瓦蘭(Savarin → P42)的奧古斯丁・朱利安(Auguste Jullien)的繼任糕點師。提到這款使用了杏仁的糕點，為什麼冠以「熱內亞」的名字，就要從 1800 年拿破崙・波拿巴(Napoléon Bonaparte)率領法軍與奧地利軍隊決戰義大利說起。當時法國軍隊在熱內亞被敵軍包圍，只用水煮過的米和 50 噸的杏仁，忍耐堅守了三個月。當時的功績就是此命名的由來。

順道一提 Pain de Gênes 很容易與奧古斯丁・朱利安製作，意思為「熱內亞」的 Génoise (→ P228)混淆。這個蛋糕沒有使用杏仁，原型是源自於義大利糕餅師傅，故以此命名。

Pâtisserie

熱內亞蛋糕(直徑 18cm 菊型模　1 個)

材料

杏仁片……20g
無鹽奶油……50g
杏仁粉……90g
玉米粉(或太白粉)……50g
雞蛋……3 個
砂糖……90g
櫻桃白蘭地……2 大匙

糖粉…… 適量

製作方法

1. 將奶油(材料表外)薄薄地刷塗在模型內，底部撒上杏仁片。
2. 在耐熱容器中放入奶油，用微波爐(600W 左右)加熱約 1 分鐘使其融化。
3. 混合杏仁粉和玉米粉，用叉子充分混合。
4. 取 2 個雞蛋分開蛋白和蛋黃，各別放入缽盆。
5. 在 4 的蛋黃盆中加入其餘的雞蛋、70g 的砂糖，用攪拌器打發至顏色發白為止。
6. 在 5 中加入降溫後的 2、櫻桃白蘭地，充分混拌。
7. 將 4 的蛋白用攪拌器打發至顏色發白為止，加入其餘的砂糖，打發至尖角直立的蛋白霜。
8. 在 6 中加入 7 約 1/3 的量，用攪拌器確實混拌。邊過篩 3 邊加入缽盆中，用橡皮刮刀混拌至粉類完全消失為止。
9. 將 7 再分 2 次加入 8，每次加入後都要避免破壞氣泡地粗略混拌。
10. 將 9 倒入 1 中，放進以 180°C預熱的烤箱，烘烤 25 ～ 30 分鐘。
11. 散熱後脫模，待完全冷卻後篩上糖粉。

＊也可以用直徑 18cm 的圓模製作。

瑪德蓮

Madeleine

深受歡迎，貝殼形狀的烘焙糕點

◇ 種類：烘焙糕點　◇ 享用時機：下午茶、零食
◇ 地區：洛林　◇ 構成：麵粉＋奶油＋雞蛋＋砂糖

提到瑪德蓮（Madeleine），就會讓人聯想到法國作家馬塞爾・普魯斯特（Marcel Proust）的長篇小說『追憶似水年華』，透過瑪德蓮回想過去令人印象深刻，會讓人不由自主地將『追憶似水年華』與瑪德蓮劃上等號。

關於瑪德蓮的起源與時間眾說紛紜，最早可以回溯至中世紀。這個時代是將像布里歐原型般的麵團，填入真的帆立貝殼中烘烤。以此招待前往西班牙聖地的聖地亞哥・德・孔波斯特拉（Santiago de Compostela）朝聖者，據傳他們將此作為標記，把象徵Santiago（聖雅各）的帆立貝殼垂掛在頸間。另一種說法是1661年，被軟禁在洛林，科梅爾西（Commercy）城的樞機主教若望－方濟各・保祿・德・貢迪（Jean-François Paul de Gondi 十七世紀投石黨動亂的參與者），命令廚師瑪德蓮・西孟（Madeleine Simonin）以油炸糕點麵團作出不同變化而來，因此作出瑪德蓮。還有一說是和蘭姆巴巴（→ P40）中出現過的斯坦尼斯瓦夫・萊什琴斯基（Stanisław Leszczyński）公爵有關。1755年當時作為洛林統治者的萊什琴斯基公爵，要在科梅爾西（Commercy）城設宴，正當為宴會準備時，糕點師因吵架憤而出走。最後取而代之的是名為Madeleine的女侍，做出傳自祖母的糕點，因極受好評而以她為名。

萊什琴斯基公爵死後，他的其中一位糕點師帶著瑪德蓮的配方移居到科梅爾西城，這個配方就從此地傳出至工場生廠，以至散布到法國全境。裝在形狀漂亮木盒中的科梅爾西瑪德蓮，即便今日都是法國最具代表性的伴手禮。

瑪德蓮（瑪德蓮模 6個）

材料

無鹽奶油……100g
低筋麵粉……100g
泡打粉……1/2小匙
雞蛋……2個
砂糖……60g
蜂蜜……1大匙
檸檬皮（磨碎）……1個

製作方法

1. 模型刷上薄薄地奶油，撒上低筋麵粉（皆材料表外）。
2. 在耐熱容器中放入奶油，用微波爐（600W左右）加熱1～2分鐘使其融化。
3. 混合低筋麵粉和泡打粉，用叉子充分混合。
4. 將雞蛋放入缽盆中，加入砂糖，用攪拌器充分混拌。
5. 在4中依序加入降溫後的2、蜂蜜、檸檬皮，每次加入後都充分混拌。
6. 邊過篩3邊加入5中，用橡皮刮刀切開般地混拌至粉類完全消失為止。用保鮮膜包覆後靜置冷藏一夜。
7. 將6倒至1中約八分滿，放進以200˚C預熱的烤箱，烘烤15～20分鐘。

費南雪

Financier

散發焦化奶油豐郁香氣的美味

◇ 種類：烘焙糕點　◇ 享用時機：下午茶、零食
◇ 構成：麵粉＋奶油＋雞白＋砂糖＋堅果粉

即使同樣是烘焙糕點，相對於瑪德蓮(→ P72)使用全蛋，費南雪僅使用蛋白。為避免風味過於薄弱，添加了焦化奶油和堅果粉，製作出豐富濃郁的香氣。

在 1888 年左右，巴黎證券交易所附近的糕點師所構思發想出的糕點。中世紀天主教女修會(Visitandines)的修女，製作出橢圓形的杏仁蛋糕。糕點師倒入象徵金塊的模型中烘烤，則是考慮到進出交易所的人，可以簡單拿取享用而採用了這個形狀。

費南雪（費南雪模　9 個）

材料

無鹽奶油 ……90g
低筋麵粉 ……50g
杏仁粉 ……25g
榛果粉 ……25g
泡打粉 ……1/2 小匙
蛋白 ……2 個
砂糖 ……70 ～ 80g

製作方法

1. 模型刷上薄薄地奶油，撒上低筋麵粉（皆材料表外）。
2. 在小鍋中放入奶油，用小火加熱至變成茶色，製作焦化奶油。
3. 混合粉類（低筋麵粉和泡打粉），用叉子充分混合。
4. 將蛋白放入缽盆中，加入砂糖，用攪拌器充分混拌。
5. 在 4 中加入降溫後的 2、充分混拌。
6. 邊過篩 3 邊加入 5 中，用橡皮刮刀切開般地混拌至粉類完全消失為止。用保鮮膜包覆後靜置冷藏 1 小時。
7. 將 6 倒至 1 約八分滿，放進以 200°C預熱的烤箱，烘烤 15 ～ 20 分鐘。

可麗露

Cannelé / Canelé

別名 / Cannelé (Canelé) bordelaise、Cannelé (Canelé) de Bordeaux

表皮香脆中間 Q 彈的口感

◇ 種類：烘焙糕點
◇ 享用時機：餐後甜點、下午茶、零食
◇ 地區：阿基坦
◇ 構成：麵粉＋奶油＋雞蛋＋砂糖＋牛奶

Cannelé 是將「溝槽的」形容詞名詞化的單字。這個帶有皺摺的圓柱狀成品，使用有著纖細溝槽的特殊模型烘烤而成。可麗露與葡萄酒產地的波爾多有很深的關連，在製作葡萄酒時，為使紅葡萄酒清澄會使用打發的蛋白（現在有些地方仍延用此法）。剩餘的大量蛋黃就轉讓給女子修道會（Sœurs de l'Annonciade）來製作糕點，這就是可麗露的原型。而最有名的是使用修道院製作的蜜蠟來刷塗模型防沾。

可麗露（直徑 5.5cm 的可麗露模 6 個）

材料

牛奶……250ml
無鹽奶油……15g
香草莢……1/3 根
雞蛋……1/2 個
蛋黃……1 個
低筋麵粉……45g
高筋麵粉……20g
砂糖……100g
蘭姆酒……20ml
蜂蜜……適量

製作方法

1. 將牛奶、奶油、刮出的香草籽和香草莢一起放入小鍋中，以中火加熱至即將沸騰時熄火。
2. 在小缽盆中放入雞蛋和蛋黃，充分混拌。
3. 混合低筋麵粉、高筋麵粉、砂糖，過篩至缽盆中。
4. 在 3 的中央處作出凹槽，少量逐次地加入冷卻的 1，用攪拌器混拌。
5. 將 2 和蘭姆酒依序加入 4 中，每次加入後都均勻混拌。
6. 直接用保鮮膜覆蓋 5，置於冷藏一夜。烘烤的 1 小時前才從冷藏室取出回溫。
7. 用手指將軟化的奶油（材料表外）刷塗在模型中，再刷塗蜂蜜。
8. 輕輕混拌 6 後倒入 7 內至八～九分滿，用 200℃預熱的烤箱，烘烤約 1 小時。

＊步驟無論哪個階段都不要過度攪拌麵糊。

香草馬卡龍

Macarons à la vanille

夾入奶油餡的巴黎風馬卡龍

◇ 種類：烘焙糕點　◇ 享用時機：餐後甜點、下午茶、零食
◇ 構成：馬卡龍麵糊＋奶油餡

2006 年（日本是 2007 年），隨著蘇菲亞・柯波拉（Sofia Coppola）導演的『凡爾賽拜金女 Marie Antoinette』的上映而舉世聞名的「馬卡龍 Macaron」。這款馬卡龍稱為「巴黎馬卡龍 Macaron parisien」，除了香草外，有 20 種以上口味。能夠在法國各地的馬卡龍中登上頂點，可以說是最時尚優雅的馬卡龍吧。

馬卡龍的歷史，可以追溯回十六世紀。傳說將馬卡龍原型傳至法國的，是義大利名門麥地奇（Medici）家族中嫁給亨利二世的凱薩琳・德・麥地奇（Catherine de' Medici）。在 1552 年作家弗朗索瓦・拉伯雷（François Rabelais）的著作“Le Quart Livre 四書”中，首先使用了 Macaron 這個法語。馬卡龍傳入後，其中的營養價值非常受到矚目，法國各地的修道院都開始製作。

馬卡龍成為現在的形狀，是在十九世紀中期。巴黎老字號的糕點店 Ladurée 的創業者路易・恩內斯特・拉杜耶（Louis Ernest Ladurée）的侄子皮耶・德芳丹（Pierre Desfontaines），想到將奶油餡夾入兩片馬卡龍餅殼內。

馬卡龍（直徑 3cm　13～15 個）

材料

馬卡龍麵糊
- 杏仁粉……40g
- 糖粉……55g
- 蛋白……1 個
- 細砂糖……10g
- 香草莢（僅用籽）……2 耳杓

奶油餡
- 無鹽奶油（回復室溫）……40g
- 糖粉……1 小匙

製作方法

1. 製作麵糊。混合杏仁粉和糖粉，用叉子充分混合後過篩。
2. 在缽盆中放入蛋白，用攪拌器打發至顏色發白。加入細砂糖，繼續打發至尖角直立的蛋白霜。
3. 將 1 加入 2 之中，再加入香草籽，用橡皮刮刀大動作混拌至看不見粉類後，某個程度破壞材料中的氣泡，混拌至麵糊產生光澤，舀起時會呈緞帶般垂落的軟硬度。
4. 填入裝有直徑 1cm 圓形花嘴的擠花袋內。
5. 預留充分間距地在舖有烘焙紙的烤盤上，將 4 擠成直徑 2cm 的圓形。
6. 在室溫中放置 1～1.5 小時，手指輕觸 5 的表面時不會沾黏，呈現半乾燥狀態。
7. 用 210℃預熱的烤箱烘烤約 5 分鐘左右，烘烤至邊緣產生裙邊（frill）。溫度降至 140℃繼續烘烤 10 分鐘。
8. 製作奶油餡。在缽盆中放入奶油，用攪拌器混拌至柔軟。
9. 在 8 中混入糖粉，充分混拌。
10. 將 9 填入裝有直徑 1cm 以下，圓形花嘴的擠花袋內。
11. 散熱後，剝除 7 的烘焙紙，將 10 擠至一半馬卡龍的平坦面。以另一半馬卡龍夾起奶油餡。

Colonne 4

法國•馬卡龍之旅

若要定義馬卡龍，應該就是
「混合杏仁粉、蛋白砂糖(甜味劑)的烘烤糕點」吧。
即使是相同的材料，法國各地的形狀和口感也各不相同，
主要的原因是製作方法的差別。
十六世紀，從義大利嫁給亨利二世的凱薩琳•德•麥地奇帶來了
日後成為馬卡龍的原型。
主要是因為在禁食肉類的修道院中，馬卡龍被認為具高營養價值而製作。

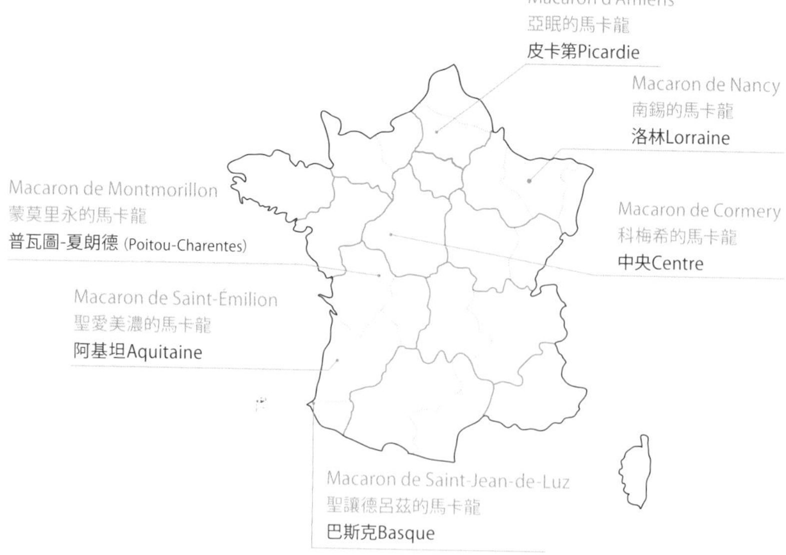

南錫的馬卡龍Macaron de Nancy

聖讓德呂茲的馬卡龍
Macaron de Saint-Jean-de-Luz

Macaron d'Amiens
亞眠的馬卡龍
皮卡第 Picardie

亞眠的馬卡龍，據說是十六世紀凱薩琳・德・麥地奇所傳進來，與其他馬卡龍的相異點在於添加了蜂蜜和蛋黃。放入了增香的苦杏仁油，會引人聯想到義大利杏仁餅（Amaretti）的風味。

Macaron de Nancy
南錫的馬卡龍
洛林 Lorraine

先前提到凱薩琳・德・麥地奇的孫女凱薩琳・德・洛林（Catherine de Lorraine），1642 年在南錫中心建立了修道院，子侄輩也同樣仿效。這些修道院開始製作以馬卡龍為首，各種凱薩琳・德・麥地奇所傳進來的糕點。法國大革命時，因修道院的廢止令，其中二位逃出修道院的修女躲入信徒醫生的家中。作為謝禮地烘烤修道院製作的馬卡龍，受到周圍人們美味的好評。食譜配方被慎重地傳承下來，又稱為「修女馬卡龍」，是南錫著名的糕點。

Macaron de Cormery
科梅希的馬卡龍
中央 Centre

被稱為最古老的馬卡龍，相傳是 781 年科梅希修道院（Cormery）所製作。也就是在凱薩琳・德・麥地奇更早之前就已存在。形狀是最大的特徵，中間有孔洞像甜甜圈般的外觀。

Macaron de Montmorillon
蒙莫里永的馬卡龍
普瓦圖-夏朗德 Poitou-Charentes

蒙莫里永的馬卡龍出現在十九世紀。皮耶・拉康（Pierre Lacam → P235）在 1890 年出版的著作中曾記錄描述著「蒙莫里永的馬卡龍，12 個緊貼在有著村莊徽印的紙上販售」。因麵糊水分較多，所以像鮮奶油般絞擠後烘烤，是這款馬卡龍的特徵。

Macaron de Saint-Émilion
聖愛美濃的馬卡龍
阿基坦 Aquitaine

波爾多近郊，以葡萄酒產地著稱的聖愛美濃。這個地方的馬卡龍歷史，可以回溯至 1620 年。由烏蘇拉傳教修女會（Ursuline）的修女開始製作。麵糊邊隔水加熱邊混拌，因此完成時有著獨特的口感。

Macaron de Saint-Jean-de-Luz
聖讓德呂茲的馬卡龍
巴斯克 Basque

1660 年巴斯克地方的港口城市聖讓德呂茲，是路易十四與從西班牙嫁來法國的瑪麗・特蕾莎・德・哈布斯堡（Marie Thérèse d'Autriche）兩人婚禮儀式的所在地。據說在結婚儀式時，當地經營糕點店的亞當（Adam）獻上了這款馬卡龍。現在也是 Maison Adam 的招牌商品。

砂布列

Sablés

用菊型壓模做出的經典風味

◇ 種類：烘烤糕點　◇ 享用時機：下午茶、零食
◇ 構成：麵粉＋奶油＋蛋黃＋砂糖

Sablé，在製作麵團時為避免形成麵筋組織而減少揉和，製作出的鬆脆口感，令人聯想到砂粒 Sablé，因此命名的由來在日本眾所皆知。但實際上，存在一個說法是十七世紀，有一位名為 Sablé 的侯爵夫人推廣這種餅乾，所以用她的名字來命名。並且砂布列侯爵夫人出生的羅亞爾河（Pays-de-la-Loire）薩爾特省（Sarthe），也有名為薩爾特河畔薩布列（Sablé-sur-Sarthe）的城鎮。在此，也有冠以 Sablé 之名的老店。

砂布列（直徑 4cm 的菊形　約 50 片）

材料

- 無鹽奶油（回復室溫）……100g
- 糖粉……80g
- 鹽……2 小撮
- 蛋黃……1 個
- 鮮奶油……1 大匙
- 低筋麵粉……200g

製作方法

1. 在缽盆中放入奶油，用攪拌器混拌至變軟。
2. 在 1 中少量逐次地加入糖粉，加入鹽混拌至膨鬆顏色發白。
3. 依序將蛋黃、鮮奶油加入 2，每次加入後都充分混拌。
4. 過篩低筋麵粉並加入 3，用橡皮刮刀以切拌的方式混拌至粉類完全消失為止。
5. 將 4 整合成團，用保鮮膜包覆後靜置於冷藏室 15 分鐘。
6. 以擀麵棍將 5 擀壓成 3mm 厚，以菊型壓模按壓。
7. 將 6 排放在舖有烘焙紙的烤盤上，再次放入冷藏室靜置 15 分鐘。
8. 以 180°C預熱的烤箱，烘烤 10～15分鐘。

＊沒有鮮奶油時，可以使用牛奶。

另一方面，也有說法是在1852年左右，誕生在諾曼第卡爾瓦多斯(Calvados)縣內，名為利雪(Lisieux)的城鎮。之後砂布列(Sablé)就出現在諾曼第各地了。皮耶・拉康(Pierre Lacam → P235)的著作中，介紹了利雪(Lisieux)，其他冠以諾曼第的特魯維爾(Trouville)或卡昂(Caen)等地名的五種砂布列(Sablé)。諾曼第盛行酪農業，其中與利雪位於同樣卡爾瓦多斯的海濱－伊斯尼(Isigny-sur-Mer)是法國兩大奶油產地之一，因此使用大量奶油的砂布列誕生於此的說法，也能令人認同。

Sablés diamants (→ P81)的「diamants」是法語「鑽石」的意思。因周圍撒上細砂糖產生閃閃光澤，才因此得名。一般的砂布列是用餅乾壓模的方法來製作，但這款餅乾像冰箱餅乾(Icebox Cookies)一樣，冷卻凝固整型成棒狀的麵團，再切成薄片。香草和可可風味是最經典的代表，各別添加杏仁片的類型也很受歡迎。

鑽石砂布列

Sablés diamants

法式版本的冰箱餅乾

◇ 種類：烘烤糕點
◇ 享用時機：下午茶、零食
◇ 構成：麵粉＋奶油＋砂糖

鑽石砂布列(直徑3cm的圓形　約35片)

材料

低筋麵粉……100g
玉米粉(或太白粉)……50g
無鹽奶油(回復室溫)……100g
砂糖……60g
鹽……1/8小匙
細砂糖……適量

製作方法

1. 混合低筋麵粉和玉米粉，用叉子充分混合。
2. 在缽盆中放入奶油，用攪拌器混拌至變軟。
3. 在2中少量逐次地加入砂糖，加入鹽混拌至膨鬆顏色發白。
4. 過篩1加入3中，用橡皮刮刀以切拌的方式混拌至粉類完全消失為止。
5. 將4整合成團後切成2等份。整型成直徑3cm的圓柱狀，用保鮮膜包覆後靜置於冷凍室15～30分鐘。
6. 待5堅硬到用刀子分切也不會散開時，除去保鮮膜，用毛刷沾水(材料表外)刷塗全體表面。
7. 將6放在細砂糖上滾動使其沾裹，分切成1.2cm厚片
8. 排放在舖有烘焙紙的烤盤上。
9. 以180°C預熱的烤箱，烘烤10～15分鐘。

原味砂布列

Sablé nature

大型原味餅乾

◇ 種類：烘烤糕點　◇ 享用時機：下午茶、零食
◇ 構成：麵粉＋奶油＋砂糖＋杏仁粉

與砂布列(Sablé)相關的歷史，請參照 80 頁。Sablé nature 的「nature」就是「plain 原味」的意思，也就是什麼都沒有添加、最單純的味道。麵包坊兼糕點店中常可以看到與眼鏡果醬砂布列(Lunettes à la confiture → P83)與棕櫚酥(Palmier → P86)一起排列，是直徑 10 ～ 12cm 大小的砂布列。種類上，與發源奶油餅乾(Petit-beurre → P186)的南特(Nantes)所產的南特砂布列(Sable Nantais)很類似。從奶油二大產地的諾曼第至普瓦圖－夏朗德(Poitou-Charentes)，布列塔尼居於中間，也是砂布列的寶庫

原味砂布列(直徑 10cm 的菊形　6 片)

材料

低筋麵粉 ……125g
杏仁粉 ……25g
無鹽奶油(回復室溫)……50g
糖粉 ……60g
鹽 ……2 小撮
雞蛋 ……1 個

蛋黃 ……1/2 個
牛奶 ……1 小匙

製作方法

1. 混合低筋麵粉和杏仁粉，用叉子充分混合。
2. 在缽盆中放入奶油，用攪拌器混拌至變軟。
3. 在 2 中少量逐次地加入糖粉，加入鹽混拌至膨鬆顏色發白。
4. 將 1 過篩加入 3，用橡皮刮刀以切拌的方式混拌。
5. 邊將攪散的蛋液少量逐次地加入 4，邊整合成團(蛋液沒有全放完也沒關係)。用保鮮膜包覆後靜置於冷藏室 15 分鐘。
6. 以擀麵棍將 5 擀壓成 3mm 厚，以叉子在全體麵團表面刺出孔洞。
7. 用菊型壓模按壓 6，排放在舖有烘焙紙的烤盤上。
8. 以蛋黃和牛奶的混合液刷塗在 7 的表面，再次放入冷藏室靜置 15 分鐘。
9. 再次用蛋黃＋牛奶的混合液刷塗 8 的表面，用叉子劃出圖紋。
10. 以 180˚C預熱的烤箱，烘烤 20 ～ 25 分鐘。

眼鏡果醬砂布列

Lunettes à la confiture

孔洞中的果醬形成眼鏡形狀

◇ 種類：烘烤糕點 ◇ 享用時機：下午茶、零食
◇ 地區：隆河-阿爾卑斯
◇ 構成：麵粉＋奶油＋砂糖＋果醬

意思是「眼鏡」的眼鏡果醬砂布列，誕生在舊多菲內(Dauphiné)的伊澤爾河畔羅芒(Romans-sur-Isère)。原型據說是在中世紀時，傳自義大利皮埃蒙特(Piemonte)的伐木工人們，當時的名稱是 Milanais（米蘭的）。在巴黎，一般會夾入覆盆子果醬，但在伊澤爾河畔羅芒則是使用草莓或藍莓、杏桃等各式各樣的果醬來製作。

眼鏡果醬砂布列（直徑 11.5cm 的葉片形 5 片）

材料

低筋麵粉……120g
玉米粉（或太白粉）……30g
無鹽奶油（回復室溫）……100g
糖粉……40g
鹽……2 小撮
蛋黃……1/2 個
覆盆子果醬……80g

製作方法

1 混合低筋麵粉和玉米粉，用叉子充分混合。
2 在缽盆中放入奶油，用攪拌器混拌至變軟。
3 在 2 中加入糖粉，加入鹽混拌至膨鬆顏色發白。
4 蛋黃加入 3，充分混拌。
5 將 1 過篩加入 4，用橡皮刮刀以切拌的方式混拌至粉類完全消失。
6 將 5 整合成團，用保鮮膜包覆後靜置於冷藏室 15 分鐘。
7 以擀麵棍將 6 擀壓成 2.5mm 厚，以葉型壓模切出 10 片。
8 將 7 排放在舖有烘焙紙的烤盤上，再次放入冷藏室靜置 15 分鐘。
9 在 8 的 5 片麵團上用菊型模按壓出兩個孔洞。以 160°C預熱的烤箱，烘烤 25 ～ 30 分鐘。
10 在小缽盆中放入果醬，用湯匙邊加熱邊攪拌。
11 待 9 散熱後，將 10 塗抹在沒有孔洞的餅乾表面，以按壓出孔洞的餅乾覆蓋夾住果醬。

杏仁瓦片

Tuiles aux amandes

捲成圓弧狀的薄片餅乾

◇ 種類：烘烤糕點 ◇ 享用時機：下午茶、零食
◇ 構成：麵粉＋奶油＋蛋白＋砂糖＋杏仁

Tuile 是覆蓋在屋頂上「瓦片」的意思。在多集合住宅的巴黎很難見到，一旦到普羅旺斯等地，則可以看到許多像這款餅乾形狀的屋瓦。杏仁瓦片剛完成烘烤，趁餅乾仍柔軟時捲在擀麵棍上，若沒有確實彎起，就無法完成。因此，廚房中需要準備可以大量彎曲杏仁瓦片的工具。在法國，作為餐後甜點時，會搭配冰淇淋或雪酪，也可作為餐間轉換口味的小點心。

杏仁瓦片（直徑 8cm 8 片）

材料

無鹽奶油 ……10g
蛋白 ……1 個
砂糖 ……30g
低筋麵粉 ……1 大匙
杏仁片 ……50g

製作方法

1. 在小的耐熱容器中放入奶油，用微波爐（600W 左右）加熱 20 秒使其融化。
2. 在缽盆中放入蛋白，加入砂糖，用攪拌器混拌至顏色發白。
3. 過篩麵粉加入 2，再加入杏仁片，用橡皮刮刀以切拌的方式混拌至粉類完全消失。
4. 將散熱後的 1 加入 3 混拌。
5. 用湯匙將 4 舀至鋪有烘焙紙的烤盤上，推展成直徑 5 ～ 6cm 的圓形，再利用湯匙背延展成直徑 8cm 的圓片。
6. 以 180℃預熱的烤箱，烘烤 12～15 分鐘。
7. 從烤箱取出後，立即捲在擀麵棍上，作出圓弧形狀。

＊確實烘烤後才會馨香美味。

貓舌餅

Langues de chat

意思是「貓舌」的餅乾

◇ 種類：烘烤糕點　◇ 享用時機：下午茶、零食
◇ 構成：麵粉＋奶油＋蛋白＋砂糖

十九世紀初期，脆餅等烘烤點心開始大量生產，而貓舌餅就此產生。但為什麼會變成「貓舌」呢，這也沒有人說得出來，或許是外形看起來很像動物的舌頭，會比較容易想像吧。在法國，是一款長 5～8cm 烘烤完成的薄片餅乾。但在奧地利或德國的「貓舌」則是巧克力。為了能烘烤出漂亮的成品，使用的是 1cm 以下的圓形花嘴，建議儘可能將麵團細細地擠出來。

貓舌餅（長 7.5cm　15 片）

材料

無鹽奶油（回復室溫）……30g
糖粉 ……25g
蛋白（回復室溫）……1 個
香草莢（僅使用香草籽）……2 耳杓
低筋麵粉 ……30g

製作方法

1 在缽盆中放入奶油，用攪拌器混拌至變軟。
2 將糖粉加入 1，混拌至膨鬆顏色發白。
3 依序在 2 中加入蛋白、香草籽，每次加入後都充分混拌。
4 過篩低筋麵粉加入 3，用橡皮刮刀以切拌的方式混拌。
5 放進裝有直徑 1cm 以下，圓形花嘴的擠花袋內。
6 在舖有烘焙紙的烤盤上，將 5 絞擠成 7cm 長的棒狀。
7 以 180°C預熱的烤箱，烘烤 12～15分鐘。

＊ 食譜配方使用的是直徑 1cm 的圓形花嘴，但使用更細小的擠花嘴可以烘烤出更纖細漂亮的形狀。擠花嘴的尺寸改變時，也會影響完成的片數。

棕櫚酥

Palmier

別名／Coeur de France法蘭西之心

名為「椰子樹」的酥皮點心

◇ 種類：折疊派皮　◇ 享用時機：下午茶、零食
◇ 構成：塔皮麵團＋砂糖

日本的「源氏派(源氏パイ)」就是參考這款點心所製作。Palmier 說是椰子樹也可說是「棕櫚」，因為近似扇骨般葉脈的椰科植物，所以才取這樣的名稱。但我覺得別名 Coeur de France（法蘭西之心）更適合吧。會作出這款酥皮點心，據說應該是源自 1931 年在巴黎舉行的國際殖民地博覽會（Exposition colonial internationale）。法國的麵包坊兼糕點店，都有販售手掌大小的棕櫚酥。

棕櫚酥（寬 8cm 的心形　15 片）

材料

折疊派皮麵團
- 基本揉合麵團（détrempe）
  - 無鹽奶油……30g
  - 高筋麵粉……75g
  - 低筋麵粉……75g
  - 鹽……4g
  - 冷水……80ml
- 無鹽奶油（回復室溫）……130g

細砂糖……適量（50g 左右）

製作方法

1. 製作折疊派皮麵團(→P224)，使用 1/2 份量。
2. 用擀麵棍將 1 擀壓成 24×20cm 的長方形。先對折使中央出現折線後翻回原狀。
3. 在 2 的表面，用叉子刺出孔洞，均勻地撒上細砂糖，用擀麵棍輕輕擀壓（使細砂糖附著在折疊派皮上）。
4. 將麵團兩側各別折向中央折線處。在表面全體撒上細砂糖，用擀麵棍輕輕擀壓。
5. 再次由兩側各別折向中央折線處。在表面全體撒上細砂糖，用擀麵棍輕輕擀壓。
6. 由兩側折向中央折線貼合，用保鮮膜包覆，靜置於冷室藏室約 30 分鐘。
7. 將 6 切成 1～1.5cm 的 15 等份，並各別撒上細砂糖。
8. 在舖有烘焙紙的烤盤上充分保持間距地排放 7。
9. 將 8 以 220°C預熱的烤箱，烘烤 15～20 分鐘。

＊其餘 1/2 份量的折疊派皮麵團，可以冷凍保存 1 個月。

千層酥

Sacristains

添加杏仁粒的棒狀酥皮點心

◇ 種類：折疊派皮 ◇ 享用時機：下午茶、零食
◇ 構成：塔皮麵團＋砂糖＋杏仁

麵包兼糕點店中販售的日本千層酥（Sacristains），大多是 20cm 左右的長度，在折疊派皮麵團中夾入砂糖和杏仁粒，扭轉後烘烤完成。

Sacristains 的意思，是負責教會儀式中重要物品或裝飾的管理員，手持扭轉紋路的手杖，所以這種酥皮點心就使用這個名稱。具「Sacristains」意思的詞彙「secretain」，在十六世紀的法語辭典中就出現記載，但什麼時候開始用在糕點上，卻沒有定論。

千層酥（長 18cm 8 條）

材料

折疊派皮麵團
- 基本揉合麵團（détrempe）
  - 無鹽奶油……30g
  - 高筋麵粉……75g
  - 低筋麵粉……75g
  - 鹽……4g
  - 冷水……80ml
- 無鹽奶油（回復室溫）……130g

雞蛋……適量
細砂糖……50g
杏仁碎粒……30g

製作方法

1 製作折疊派皮麵團（→P224），使用 1/2 用量。
2 將 1 切成 2 等份，各別用擀麵棍擀壓成 16cm 的正方形。用叉子刺出孔洞，置於冷室藏室約 15 分鐘。
3 將 2 的一片表面刷塗蛋液，依序撒上細砂糖、杏仁碎粒。
4 在 3 覆蓋上另一片麵團，用擀麵棍確實擀壓。
5 將 4 切成寬 2cm 的長條，排放在舖有烘焙紙的烤盤上。
6 分別扭轉長條麵團，用 220˚C 預熱的烤箱，烘烤 15 ～ 20 分鐘。

＊ 杏仁碎粒也可以用杏仁粉取代。
＊ 其餘 1/2 份量的折疊派皮麵團，可以冷凍保存 1 個月。

剛果

Congolais

別名 / Rocher à la noix de coco

份量十足的椰子點心

◇ 種類：烘烤糕點 ◇ 享用時機：下午茶、零食
◇ 構成：蛋白＋奶油＋椰子細粉

Congolais是「剛果的、剛果人」的意思。位於非洲大陸的剛果，現在分成二個國家，剛果共和國從十九世紀後半至1960年為止，都是法國殖民地。這款點心也被譯為「椰子馬卡龍」，將馬卡龍(→ P78)的主要材料杏仁粉，改成對法國人而言具異國風情的水果－椰子細粉來製作。在製作發想當下，很可能是「Coconut ＝ Congo」吧。又稱Roche，是「岩石」的意思，以糕點的形狀來命名。

剛果（三角錐狀　10個）

材料

蛋白……2個
砂糖……80g
椰子細粉（Coconut Fine）……100g

製作方法

1. 在缽盆中放入蛋白，加入砂糖，用攪拌器攪打至顏色發白。
2. 將椰子細粉加入1，用橡皮刮刀確實混拌。
3. 把2分成10等份，各別整型成三角錐狀。
4. 在舖有烘焙紙的烤盤上排放3。
5. 以180℃預熱的烤箱，烘烤15～20分鐘。

＊步驟3用水沾濕手，會比較容易整型。

Pâtisserie

杏仁脆餅

Croquette aux amandes

別名／Croquant aux amandes

斷面呈現可愛堅果形狀的餅乾

◇ 種類：烘烤糕點 ◇ 享用時機：下午茶、零食
◇ 構成：麵粉＋奶油＋雞蛋＋砂糖＋堅果

Croquette 指的就是「可樂餅」，但語源來自於形容「卡哩卡哩聲音」的 croquer。杏仁脆餅的外觀與製作方法，都與義大利的托斯卡尼杏仁餅 Cantuccini（Biscotti）很近似。用塊狀麵團烘烤切片後，Cantuccini 會再二次烘烤，但 Croquette 則不再烘烤，所以並不會像 Cantuccini 那麼堅硬。以杏仁產地聞名的南法經常可見的烘烤餅乾，添加杏仁為主流，但榛果多一點絕對會更好吃。堅果類用得比食譜配方略多也沒關係。

杏仁脆餅（長 10～13cm 12 片）

材料

低筋麵粉……120g
高筋麵粉……30g
泡打粉……1/2 小匙
無鹽奶油……50g
砂糖……70g
鹽……1 小撮
雞蛋……1 個
香草精…… 數滴
整顆的杏仁（烘烤過）……40g
整顆的榛果（烘烤過）……40g
牛奶…… 少許

製作方法

1 混合粉類（低筋麵粉～泡打粉），用叉子充分混合。
2 在缽盆中放入奶油，用攪拌器混拌至變軟。
3 在 2 中少量逐次地砂糖，再加入鹽混拌至膨鬆顏色發白。
4 在 3 中加入蛋和香草精，充分混拌。
5 將 1 過篩加入 4，用橡皮刮刀以切拌的方式混拌至粉類完全消失。
6 將 5 整合成團，整型成長 17cm、寬 10cm 的半圓魚板狀。
7 將 6 排放在鋪有烘焙紙的烤盤上，表面薄薄地刷塗上牛奶，以 200℃預熱的烤箱，烘烤約 30 分鐘。
8 趁熱將 7 分切成略小於 1.5cm 的厚度。

Desserts des bistrots

小酒館點心

小酒館，可以提供法國傳統料理、
家庭料理的「平民大眾餐廳」。
即使是餐後甜點，也能在此嚐到毫不做作
最道地的法式風味。
為餐食結束劃上句號的餐後甜點，
因為沒有搭配飲品，
所以吃起來太乾燥會吸收掉口中水分的不受歡迎。
運用雞蛋增添口感、或是用明膠冷卻凝固、
使用冰淇淋或雪酪的塔或蛋糕等，
是從古至今一直廣受喜愛，陣容堅強的餐後甜點。

焦糖布丁

Crème caramel

別名 / Flan au caramel

在日本也有高人氣的卡士達布丁

◇ 種類：雞蛋點心　◇ 享用時機：餐後甜點
◇ 構成：雞蛋＋牛奶＋鮮奶油

法語中卡士達布丁就稱為 Crème renversée au caramel，簡稱 Crème caramel 已經變成固定的說法了。法語的 crème 與英文的 cream 相同，含有各種意思，與甜點相關只要冠上「crème」，可自成一類。

用雞蛋和牛奶製作的「Crème」，據說早至古羅馬時代就已存在。利用雞蛋的凝固性得到濃稠的狀態，與從牛奶製成的鮮奶油（原本剛製成的鮮奶油具有稠度）很相似，因此就被稱為「Crème」。法國的焦糖布丁（Crème caramel）基本上使用全蛋、砂糖、牛奶、香草來製作。充分混合所有的材料，倒入舖有焦糖的模型中，放入烤箱烘烤。在日本這樣製作會欠缺濃醇感，所以日本的配方大多添加鮮奶油。

同樣冠上 Crème 名稱的還有烤布蕾（Crème brûlée → P96），在比小酒館更高檔的餐廳內才有提供。相對於此，焦糖布丁印象裡就是在小酒館等平民餐廳，或在家庭中享用。烤布蕾（Crème brûlée）不使用全蛋，相較於牛奶，鮮奶油的比例更高。因為是濃郁的奶蛋液，所以會用平淺的容器薄薄地烘烤。之後用噴槍在表面烤出焦化砂糖（caraméliser 焦糖化）。因此，烤布蕾的材料費用較高，手續較繁複。雖說如此，在艾蜜莉的異想世界 Le Fabuleux Destin d'Amélie Poulain 電影裡，單身的女主角在咖啡館工作，因此使得烤布蕾成了著名甜點，或許有很多人覺得這才是平民甜點也說不定。焦糖布丁作為小酒館的基本款甜點，和媽媽手作甜點的代表，但人氣上受到烤布蕾的壓制，感覺有逐漸消失的趨勢。

焦糖布丁（直徑 18cm 的圓模　1 個）

材料

焦糖
- 砂糖……60g
- 水……1 大匙
- 熱水……1 大匙

布丁主體
- 雞蛋……4 個
- 砂糖……100 ～ 110g
- 牛奶……400ml
- 香草莢……1/2 根
- 鮮奶油……100ml

製作方法

1. 薄薄地將奶油（材料表外）刷塗在模型中。
2. 製作焦糖。在小鍋中放入砂糖和水，以中火加熱。待成為深濃的焦糖色後，加入熱水融化焦糖。
3. 將 2 倒入 1 的模型中，在底部攤平。
4. 製作布丁主體。在缽盆中放入雞蛋，加入砂糖，用攪拌器充分混拌。
5. 在鍋中放入牛奶、刮出的香草籽和香草莢，以中火加熱。
6. 在即將沸騰前熄火，少量逐次地加入 4 當中混拌。
7. 將鮮奶油加入 6 充分混拌，用過濾器邊過濾邊倒入 3。
8. 把 7 放置在裝有熱水的深烤盤上，以 150°C預熱的烤箱，隔水蒸烤約 40 ～ 50 分鐘。

雪浮島

Œufs à la neige

別名 / Îles flottantes 漂浮之島

巧妙運用蛋黃和蛋白的餐後甜點

◇ 種類：雞蛋點心　　◇ 享用時機：餐後甜點
◇ 構成：雞蛋＋砂糖＋牛奶

「打發蛋白呈蛋白霜狀」就是 battre (/monter) des blancs d'œufs en neige（蛋白攪打成白雪狀）。Œufs à la neige 是「完成如雪般的雞蛋」，又稱 îles flottantes，譯成漂浮之島，就是比喻以英式蛋奶醬上漂浮著蛋白霜的狀態吧。

Œufs à la neige，在拉・瓦雷納（La Varenne → P235）1651 年出版的"Le Cuisinier François 法國的廚師"書中，就記錄描述了這道食譜配方，蛋白霜的部分是以近似義式蛋白霜（→ P51）的方法製作。漂浮之島 îles flottantes 是奧古斯特・艾斯考菲（Auguste Escoffier → P234）在十九世紀後半所創作。薄切下變硬的薩瓦蛋糕（Biscuit de Savoie → P204）浸漬櫻桃白蘭地和瑪拉斯奇諾（Maraschino）櫻桃酒，塗抹杏桃果醬再撒上科林斯葡萄乾（Le raisin de Corinthe）和切碎的杏仁。將這些層疊組合，整合形狀並用香緹鮮奶油覆蓋全體（→ P227），擺放上開心果和葡萄乾，盛盤後周圍注入英式蛋奶醬或覆盆子糖漿。隨著時代的潮流，華麗絢爛的漂浮之島 îles flottantes 被輕盈爽口的雪浮島 Œufs à la neige 所取代，在不知不覺間，兩者的名稱也共用了。

雪浮島（4 人份）

材料

英式蛋奶醬
- 蛋黃 ……3 個
- 砂糖 ……60g
- 低筋麵粉 ……1 小匙
- 牛奶 ……500ml
- 香草莢 ……1/2 根

蛋白霜
- 蛋白 ……3 個
- 砂糖 ……70g
- 醋 …… 適量

焦糖醬（方便製作的用量）
- 砂糖 ……50g
- 檸檬汁 …… 少於 1/4 小匙
- 水 ……1 大匙
- 熱水 ……20ml

杏仁片（烘烤過）…… 適量

製作方法

1. 製作英式蛋奶醬（→ P226），放入缽盆中，包覆保鮮膜置於冷藏室。
2. 製作蛋白霜。在缽盆中放入蛋白，用攪拌器打發至顏色發白，加入砂糖打發至尖角直立。
3. 在鍋中煮沸熱水，加入醋。
4. 取 2 的 1/4 份量，以橡皮刮刀整合形狀，放入 3 之中蓋上鍋蓋約燙煮 2 分鐘。
5. 舀出 4 放置在乾淨的布巾上，吸去多餘水分。
6. 重覆 4 ～ 5 的步驟製作其餘的蛋白霜。
7. 製作焦糖（→ P227）。
8. 在盤中注入 1，擺放 6，撒上杏仁片。在盤中倒入 7。

＊焦糖醬少量就甜味十足，因此享用時視個人喜好添加。

烤布蕾

Crème brûlée

出現在法國電影『艾蜜莉的異想世界』中的著名點心

◇ 種類：雞蛋點心　◇ 享用時機：餐後甜點
◇ 構成：蛋黃＋砂糖＋牛奶＋鮮奶油

Crème brûlée 的意思是「焦化的 Crème」。使用大量蛋黃和鮮奶油的濃醇奶蛋液蒸烤，享用前撒上砂糖（紅糖 cassonade → P167），用瓦斯噴槍或火鉗在表面炙出薄薄的焦糖層。

Crème brûlée 的原型，源自西班牙加泰隆尼亞的 crema catalana，此說法最為有力。據說這款甜點，從中世開始就存在。利用澱粉使其產生濃稠度，但表面並沒有焦糖化（現在的表面都經過焦糖化）。而將這道甜點帶回法國並加以變化的人，相傳是弗朗索瓦・馬西亞洛特（François Massialot → P234）。事實上「Crème brûlée」的名稱，最早將食譜配方公諸於世，是在他 1691 年出版的著作“Le Nouveau Cuisinier Royal et bourgeois 宮廷與中產階級的新料理”。馬西亞洛特在造訪法國南部佩皮尼昂（Perpignan）後，前往加泰隆尼亞，邂逅了 crema catalana。記錄下食譜回到法國後，為了溫熱冷卻的 Crème，所以撒上砂糖用熱鐵焦化表面，獻給當時年幼的奧爾良公爵菲利普（Philippe de France, Duke of Orléans）享用。

在近鄰英國，據說劍橋從十八世紀左右，就已存在與烤布蕾 Crème brûlée 相同，稱為「Burnt cream」的地方糕點了。

今日，保羅・博庫斯（Paul Bocuse → P235）和喬埃・侯布雄（Joël Robuchon → P234）的菜單中也列入了這款甜點，使得烤布蕾再次受到矚目，或許會出現在電影『艾蜜莉的異想世界』，也是託了他們的福也說不定。

烤布蕾（長徑 12.5cm 的橢圓耐熱皿　3 個）

材料

蛋黃……2 個
砂糖……40g
牛奶……70ml
鮮奶油……200ml
香草莢……1/4 根

紅糖……適量

製作方法

1. 在缽盆中放入蛋黃和砂糖，用攪拌器充分混拌。
2. 在鍋中放入牛奶、鮮奶油、刮出的香草籽和香草莢，以中火加熱。
3. 在即將沸騰前熄火，少量逐次地加入 1 中混拌。
4. 用過濾器邊過濾 3，邊倒入模型中。
5. 把 4 放置在裝有熱水的烤盤上，以 150°C 預熱的烤箱，隔水蒸烤 30 ～ 40 分鐘。
6. 從烤箱取出散熱，放入冷藏室確實冷卻。
7. 在表面均勻撒上細砂糖，用瓦斯噴槍將細砂糖烤成焦糖化。

＊沒有瓦斯噴槍時，也能用吐司小烤箱或爐下烤箱的烤網來取代。只是加熱時間太長會使布丁也因而加溫，在完成焦糖化之後可再次放入冷藏。

櫻桃克拉芙堤

Clafoutis aux cerises

利穆贊(Limousin)當地的人氣糕點

◇ 種類：蛋糕　◇ 享用時機：餐後甜點、下午茶
◇ 地區：利穆贊　◇ 構成：麵粉＋雞蛋＋砂糖＋牛奶＋鮮奶油＋黑櫻桃

雞蛋與砂糖混合後，添加少量的粉類，用牛奶稀釋，與櫻桃一同倒入模型中，用烤箱烘烤完成。使用了櫻桃，因為同樣是出自發源地利穆贊(Limousin)科雷茲(Corrèze)。這類的甜點，在法國各地都可以看到。從中世紀開始就有，像是：舊貝里(Berry)的 Gouéron aux pommes（蘋果蛋糕）；或十九世紀女性作家喬治・桑(Georges Sand)也製作過的 Galifouty；布列塔尼的 Tartouillat 等等，布列塔尼烤布丁(Far Breton → P182)也是，雖然配方略有不同，但可說都是同類型的甜點吧。

根據法國二大辭典之一的編纂者，著名的語言學家阿朗・雷(Alain Rey)的說法，「Clafoutis」這個字，是從法國古語 claufir（釘釘子）和 foutre（放入／壓入）而來的複合語，所留下來的方言。也就是櫻桃果實和櫻桃梗，就像釘子的形狀插入蛋糕中，因這樣的外形而命名(實際上，放入麵糊中的只有果實而已)。由此也說明「Clafoutis ＝使用櫻桃」。奧弗涅(Auvergne)的 Millard（別名／奧弗涅的克拉芙堤)據說也同樣使用櫻桃。相對於此，Flaugnarde 以利穆贊為首，到鄰近的奧弗涅、佩里戈爾(Périgord)都可看到，水果也沒有特別規定，蘋果、洋梨、梅乾、葡萄乾等都可以加入烘烤。在佩里戈爾的薩拉(Sarlat)，不是叫 Flaugnarde 而是稱作 Cajasse。只要在法國境內略加找尋，一定可以發現許多 Clafoutis 和 Flaugnarde 的同類甜點。

櫻桃克拉芙堤(直徑 18cm 菊型模　1 個)

材料

黑櫻桃(罐頭)……1 罐(固體量 220g)
雞蛋……2 個
砂糖……50g
鹽……1 小撮
低筋麵粉……45g
牛奶……170ml
鮮奶油……4 大匙(60ml)

糖粉……適量

製作方法

1. 瀝去黑櫻桃的糖漿，瀝乾水分。
2. 將奶油(材料表外)薄薄地刷塗在模型內，排放 1。
3. 在缽盆內放入雞蛋、砂糖、鹽，用攪拌器充分攪拌。
4. 邊過篩低筋麵粉邊加入 3，混拌至粉類完全消失為止。
5. 依序將牛奶和鮮奶油加入 4，每次加入後都充分攪拌。
6. 將 5 倒入 2 中，以 200℃預熱的烤箱，烘烤約 50 分鐘，烘烤至確實呈現烤色。
7. 散熱後脫模，待完全冷卻後篩上糖粉。

＊也可以用直徑 18cm 的圓形模烘烤。

檸檬舒芙蕾

Soufflé au citron

利用蛋白霜膨脹力道的檸檬舒芙蕾

◇ 種類：雞蛋點心
◇ 享用時機：餐後甜點
◇ 構成：粉類＋雞蛋＋砂糖＋牛奶＋檸檬

Soufflé是「膨脹」的意思。大量打發的蛋白霜混入材料，用烤箱烘烤後膨脹成高出模型的成品。因為瞬間就會塌陷，所以享受完成瞬間的視覺及風味是最大樂趣。

甜蜜舒芙蕾的原創者，有人說是安東尼・卡漢姆（Antonin Carême → P234），也有人說是活躍於英國的廚師路易－厄斯塔什・烏德 Louis Eustache Ude（1769-1846）。都是生於同一時代的料理名人。烏德在1813年出版的著作"The Franch cook 法式料理"中，就記載了多種作為餐後甜點享用的舒芙蕾食譜。

檸檬舒芙蕾（外徑 10cm 圓型烤皿 3 個）

材料

雞蛋……3個
砂糖……60g
低筋麵粉……15g
玉米粉……15g
牛奶……200ml
檸檬皮（磨碎）……1/2個
檸檬汁……1又1/2大匙
糖粉……適量

製作方法

1. 用奶油薄薄地刷塗在模型內，撒上細砂糖（皆材料表外）。
2. 將雞蛋的蛋白和蛋黃分開，各別放入缽盆。
3. 在2的蛋黃盆中放入40g細砂糖，用攪拌器攪打至顏色發白。
4. 將低筋麵粉和玉米粉加入3中，充分混拌。
5. 在小鍋中放入牛奶以中火加熱，即將沸騰前熄火，邊混拌邊少量逐次地加入4中。
6. 將5倒入小鍋中，用攪拌器邊攪拌邊加熱。至產生濃稠後放回缽盆。
7. 在6中加入檸檬皮和檸檬汁，混拌。
8. 用攪拌器將2的蛋白打發至顏色發白為止。加入其餘的砂糖，繼續打發至尖角直立。
9. 將8分三次加入7。第一次加入時用攪拌器確實混拌，之後的二次則避免破壞氣泡地大動作混拌。
10. 將9倒入1，平整表面。
11. 以210°C預熱的烤箱，烘烤15～25分鐘，烘烤完成後立即篩上糖粉。

法式吐司

Pain perdu

能再度美味地品嚐
硬掉的麵包

◇ 種類：再利用的糕點
◇ 享用時機：餐後甜點、點心
◇ 構成：奶油＋雞蛋＋砂糖＋牛奶＋麵包

法式吐司元祖的「Pain perdu」，意思是充滿詩意的「遺失的麵包」，原本「可食用」的目的消失了的麵包，指的就是變硬而無法食用的麵包。在以麵包為主食的歐洲，把變硬的麵包再利用的烹飪法，據說很久以前就存在，這種 Pain perdu 也是從中世紀就有的應用方式。在十五世紀，英國也有口耳相傳、很相近的 panperdy，當時就頻繁地出現在料理書中。

法式吐司（長徑 13cm、厚 2cm 麵包 4 片）

材料

雞蛋……1 個
砂糖……5 大匙
牛奶……200ml
麵包……4 片
奶油……30g

製作方法

1 在缽盆中放入雞蛋，加入砂糖，用攪拌器充分混拌。
2 在 1 中放進牛奶混拌，倒入方型淺盤中。
3 麵包浸泡在 2 中，邊翻面邊浸泡至液體被吸收到完全消失為止。
4 在平底鍋中放入奶油，用中火加熱。
5 待奶油融化後，放入 3，煎至兩面呈現金黃色。

可麗餅

Crêpes

發源於法國，世界著名的甜點

◇ 種類：平底鍋點心　◇ 享用時機：餐後甜點、點心、節慶點心
◇ 地區：布列塔尼　◇ 構成：麵粉＋雞蛋＋砂糖＋牛奶

Crêpes 是從法語古文中「起波浪」、「收縮」意思的 cresp ／ crespe 而來。以麵粉為基底製作的是「Crêpes 可麗餅」，以蕎麥粉為基底的就稱作「Galette 蕎麥餅」，Crêpes 可麗餅使用的是甜味食材，而 Galette 蕎麥餅則是搭配菜餚類食材。無論哪種都發源於法國西北部的布列塔尼，蕎麥餅的起源較早。過去土地十分貧瘠的布列塔尼，不僅是小麥連裸麥都無法栽植，在十字軍遠征時，從中東傳入的蕎麥(原產於中國)，是這片土地唯一能栽種的作物。收成後的蕎麥碾磨成粉，溶於水中薄薄地烘烤就是「Galette 蕎麥餅」。到了十九世紀，因技術發達，這個地方開始能種植小麥了，使用麵粉的「Crêpes 可麗餅」同時也廣受喜愛。

在法國，全國人民都食用可麗餅的日子一年有二次。一次是 2 月 2 日「聖燭節→ P63」。這天正是冬至與春分最中間的一天，烘煎成金黃色的圓形可麗餅，彷彿就像宣告春天的太陽般，層層疊疊被大家享用著。因為是祈求一整年的幸福與繁盛，因此只有這一天會手握著銅板來烘煎可麗餅。另一個日子是「油膩星期二→ P63」。基督教進入斷食四旬前嘉年華的最後一天，也是盡情享用油脂豐盛食物的最後一天。原本「油脂豐盛＝肉」，但後來為了消化容易腐壞的雞蛋，才製作了不需使用烤箱，簡單就能完成的可麗餅和法式炸麵團(Beignet 油炸點心→ P199)。一般傾向在法國北部食用可麗餅，南部則食用法式炸麵團。

可麗餅（直徑 19-20cm　6 個）

材料

雞蛋……1 個
砂糖……1 大匙
鹽……2 小撮
牛奶……20ml
低筋麵粉……100g

油…… 適量

製作方法

1. 在缽盆中放入雞蛋打散，加入砂糖和鹽，用攪拌器充分混拌。
2. 在 1 中放進 50ml 牛奶，充分混拌。
3. 邊過篩低筋麵粉邊加入 2 中，混拌至粉類完全消失為止。
4. 將其餘的牛奶分 2～3 次加入 3 中，並混拌至麵糊呈滑順狀態。包覆保鮮膜，靜置於室溫中至少 30 分鐘。
5. 以中火加熱平底鍋，薄薄地刷塗油脂。以杓子倒入 1/6 用量的麵糊，迅速地推開麵糊，烘煎至兩面呈金黃色。
6. 重覆 5 的步驟烘煎至麵糊用完為止。

* 完成烘煎後塗抹融化奶油，擺放個人喜好的配料(果醬、細砂糖、檸檬汁等)享用。
* 麵糊靜置後可以更彈牙。長時間靜置時可以放入冷藏室。

米布丁

Riz au lait

以甜味柔和的牛奶煮米飯

◇ 種類：穀物點心　◇ 享用時機：餐後甜點
◇ 構成：砂糖＋牛奶＋米

riz 是「米」，lait 是「牛奶」。Riz au lait 就和 café au lait（添加牛奶的咖啡）的法語用法相同，意思是「添加了牛奶的米」。

Riz au lait 米布丁的歷史悠久。中世紀初期，居住在南法普羅旺斯附近的猶太人，在普珥節（purim 春季的猶太教祭典）時，會製作添加杏仁的米布丁來食用，後來漸漸在非猶太人間傳開。義大利方濟會修士（Salimbene）的『年代記』當中留下了這樣的記錄描述，法國國王中唯一的賢人路易九世（聖路易＝ Saint Louis），1248 年率領十字軍東征的途中，在距離巴黎 100 公里的桑斯（Sens）休息時，食用了添加杏仁的米布丁。

說到使用米的甜點，不能不提的還有 Riz à l'imperatrice 吧。「impératrice」是「皇后」的意思，一看食譜配方，感覺就像添加了米和切成細丁的糖漬水果，製成的乳霜狀巴巴露亞。這款甜點的誕生秘辛，有二個說法，一個是安東尼・卡漢姆（Antonin Carême → P234）為了向拿破崙・波拿巴之妻約瑟芬（Joséphine）致意而想出的糕點，1810 年在卡漢姆工作的德塔列朗（Talleyrand）宅邸晚宴上出現。另一個說法則是拿破崙・波拿巴的侄子拿破崙三世統治時（1852 ～ 1870），為向其妻歐珍妮・德・蒙提荷（Eugénie de Montijo 因為是西班牙人，在法國也使用西班牙發音）敬意，由當時的宮廷廚師製作。十九世紀末，託菲力亞斯・吉爾伯特（Philéas Gilbert → P235）著作的福，此配方終於公諸於世，也成了法國家庭人人都能製作的點心。

Bistrot

米布丁（方便製作的用量　3 ～ 4 人份）

材料

米 ……100g
水 ……300ml
牛奶 ……400ml
香草莢 ……1/2 根
砂糖 ……30g

製作方法

1 在小鍋中放入米和 200ml 的水，以大火加熱，沸騰後轉為小火，不時地用橡皮刮刀邊混拌邊煮約 5 分鐘。
2 用濾網將 1 瀝出，用冷水充分清洗黏稠。
3 在同一個鍋中放入 2 和 300ml 的牛奶，加入刮出的香草籽和香草莢，以小火加熱。
4 用橡皮刮刀不斷地混拌，至沸騰後再約煮 10 分鐘。過程中水分不足時，可將剩餘的水分二次加入。
5 待米變成殘留米心（al dente）的狀態時，離火，蓋上鍋蓋再燜蒸 10 分鐘。
6 加入其餘的牛奶和砂糖，略略煮沸。

＊置於冷藏室冰涼的享用也很美味。

巧克力慕斯

Mousse au chocolat

巧妙利用巧克力甜味的簡單慕斯

◇ 種類：巧克力點心
◇ 享用時機：餐後甜點
◇ 構成：牛奶＋鮮奶油＋巧克力

法國的巧克力慕斯，大部分是在融化巧克力中加入蛋黃混拌，再加入打發的蛋白霜，但本書的食譜配方，添加的是打發的鮮奶油。Mousse au chocolat 巧克力慕斯的名字，根據 1755 年時梅農（Menon → P235）的記錄描述，在當時曾是飲品，因為飲料表面的泡沫稱為「Mousse」而開始的。之後，路易十六命令侍從查爾斯・法茲（Charles Fazi）思考使用巧克力的食譜，做出來的就是近似現在巧克力慕斯的成品。

巧克力慕斯（方便製作的用量 4 人份）

材料

苦甜巧克力……100g
牛奶……100ml
可可粉（無糖）……20g
鮮奶油……200ml
蘭姆酒（或白蘭地）……1 大匙

製作方法

1 巧克力切碎。
2 在小鍋中放入牛奶，用中火加熱。
3 在即將沸騰前熄火，加入 1 和可可粉，用橡皮刮刀混拌至巧克力完全融化。若無法完全融化時，可以連同鍋子一起隔水加熱。
4 在缽盆中放入鮮奶油，在缽盆底部墊放冰水，邊冷卻邊用攪拌器打發，打發至產生濃稠度（7 分打發）。
5 在散熱後的 3 當中加入蘭姆酒和 1/3 的 4，充分混拌。
6 將 5 倒回 4 中，用橡皮刮刀避免破壞氣泡地粗略混拌。
7 將 6 倒入容器內，表面貼合保鮮膜地放入冷藏室冷藏。

熔岩巧克力蛋糕

Coulant au chocolat

從中央緩緩流出
巧克力內餡

◇ 種類：巧克力點心
◇ 享用時機：餐後甜點、下午茶
◇ 構成：麵粉＋奶油＋砂糖＋牛奶＋鮮奶油＋巧克力

從巧克力蛋糕中流出巧克力，充滿視覺驚喜的甜點，是由在奧弗涅(Auvergne)拉約勒(Laguiole)經營星級餐廳的米歇爾·吧(Michel Bras → P235)所發想製成。歷經二年的開發，才躍升成他餐廳菜單上，名為 Le coolant au chocolat 的甜點(coulant 是「流出東西」的意思)，這是 1981 年的事。從此之後廚師們全都仿傚製作，現在不只法國全境，應該說已經是全世界都能品嚐到的人氣甜點了。

熔岩巧克力蛋糕(直徑 7cm 的瑪芬模 7 個)

材料

苦甜巧克力……100g
牛奶……50ml
鮮奶油……50ml
無鹽奶油……70g
雞蛋……3 個
砂糖……50g
低筋麵粉……80g
可可粉(無糖)……4 大匙
糖粉……適量

製作方法

1. 巧克力切成細碎。用奶油(材料表外)薄薄地刷塗模型。
2. 在小鍋中放入牛奶和鮮奶油，用中火加熱。
3. 在即將沸騰前熄火，加入奶油。
4. 將 1 加入 3 中，用橡皮刮刀充分混拌至巧克力和奶油完全融化。若無法完全融化時，可以連同鍋子一起隔水加熱。
5. 在缽盆中放入 2 個雞蛋，加入砂糖，用攪拌器充分混拌。
6. 邊過篩低筋麵粉和可可粉邊加入 5 中，混拌至粉類完全消失。
7. 將其餘的雞蛋加入 6，混拌。
8. 將4加入7，混拌至材料呈均勻的滑順狀態。
9. 將 8 倒入 1 至八分滿，以 210°C預熱的烤箱烘烤約 10 分鐘。
10. 出爐稍微散熱後脫模，篩上糖粉。

蘋果塔

Tarte aux pommes

使用水果製成的塔中，最經典的種類

◇ 種類：塔　◇ 享用時機：餐後甜點、下午茶
◇ 構成：塔皮麵團＋蘋果

法國人經常用水果製作塔。當中 Tarte aux pommes（蘋果塔）是經典之最。法國的蘋果塔，有固定的組合，大多是使用酥脆塔皮麵團（pâte brisée → P225）、糖煮蘋果（Compote de pommes → P135）和蘋果薄片的雙層內餡。地方傳統糕點中也有使用蘋果的塔，像以蘋果產地聞名，諾曼第的 Tarte nomande 諾曼第塔，或阿爾薩斯的 Tarte aux pommes à l'alsacienne 阿爾薩斯塔。配方上雖有不同，但無論哪一種都是將添加鮮奶油的蛋奶液和切片蘋果一起烘烤。下一頁介紹的是發源在舊洛索尼（Sologne）的 Trate Tain 翻轉蘋果塔，也是蘋果塔的同類。

回溯歷史，泰爾馮（Taillevent → P235）著所，中世紀的"Le Viandier 料理書"，就記載著蘋果塔（Tarte aux pommes）的食譜配方。這本著作在十四世紀出版，當時砂糖仍是非常珍貴的，因此製作甜點時，有必要使用其他甜味劑來取代砂糖。當然泰爾馮的蘋果塔沒有使用砂糖，添加了甜葡萄酒、無花果、葡萄乾等甜味材料，也利用番紅花、肉桂、生薑、茴香等來增添香氣，即使是現在都會覺得美味，值得試作看看的蘋果塔配方。

蘋果塔（直徑 21 ～ 22cm 的塔模　1 個）

材料

酥脆塔皮麵團（pâte brisée）
- 無鹽奶油 ……70g
- 低筋麵粉 ……150g
- 鹽 ……1/2 小撮
- 砂糖 ……1 大匙
- 油 ……1/2 大匙
- 冷水 ……1 ～ 3 大匙

糖煮蘋果
- 蘋果（削皮去芯後）……200g
- 水 ……200ml
- 砂糖 ……20 ～ 30g
- 香草莢 ……1/4 根

蘋果 ……1 個
無鹽奶油 ……10g
細砂糖 ……10g

製作方法

1. 製作酥脆塔皮麵團（→ P225），用保鮮膜包覆後靜置冷藏。
2. 製作糖煮蘋果（Compote de pommes → P135）。
3. 將 1 擺放在模型中央，使用手掌和指腹少量逐次地按壓推展，使底部和側邊的厚度均勻地舖入。用叉子在全體表面刺出孔洞，放入冷藏室 15 分鐘。
4. 蘋果削皮去芯，切成 5mm 厚的月牙狀。
5. 將 3 排放在烤盤上，將烘焙紙舖在麵團上，並擺放重石。以 220℃預熱的烤箱，烘烤 15 分鐘。
6. 去掉重石，將 2 在 5 的底部推平展開，將 4 以放射狀排放，其餘的蘋果則切開放在中央。
7. 在 6 的表面放上切成小塊的奶油，撒上細砂糖。
8. 以 220℃預熱的烤箱，再烘烤 30 分鐘。

翻轉蘋果塔

Tarte Tatin

因意外而產生的絕妙美味

◇ 種類：塔　◇ 享用時機：餐後甜點、下午茶
◇ 地區：中央地方　◇ 構成：麵粉＋奶油＋砂糖＋蘋果

Tarte Tatin 出現於十九世紀後半，位於現在的中央－羅亞爾河谷（Centre-Val de Loire）舊洛索尼（Sologne），在法國中部雖然是舊地名但現今延用，因意外而產生的絕妙點心。

此地拉莫特伯夫龍（Lamotte-Beuvron）的小村莊，有一對姐妹史蒂芬妮・塔汀 Stéphanie Tatin（姐）和卡洛琳・塔汀 Caroline Tatin（妹）經營著「HOTEL TATIN」。經常熱鬧地聚集許多來洛索尼狩獵的人。某天負責烹煮菜餚的史蒂芬妮正在製作餐後甜點的蘋果塔。慌亂之中忘了將麵團舖放在模型中，就直接排放了蘋果放入烤箱。後來覺察到錯誤，她趕緊將迅速擀壓的麵團覆蓋在蘋果上，並繼續烘烤。待麵團烘烤至呈現漂亮色澤時，再翻正就出現柔軟的蘋果，砂糖和奶油也呈現美麗焦糖色。顧客們對於這款新甜點非常喜愛，後來成了飯店的招牌。姐妹過世後，食譜被保留下來，至二十世紀，經巴黎的高級餐廳「Maxim's」老闆與美食評論家肯農斯基（Curnonsky → P234）的介紹，廣受好評。

現在「HOTEL TATIN」仍在拉莫特伯夫龍（Lamotte-Beuvron）車站前營業，也可以品嚐到「元祖翻轉蘋果塔」。一般的翻轉蘋果塔，會佐以略溫熱的打發鮮奶油（Crème fraîche 輕微酸味的鮮奶油→ P230），或香草冰淇淋。但元祖翻轉蘋果塔不添加任何材料就上桌，焦糖的顏色淡薄也沒有什麼厚度。但考量到當時的時空背景以及軼事，就非常能理解了。

Bistrot

翻轉蘋果塔（外徑 23cm 的派餅模　1 個）

材料

酥脆塔皮麵團（pâte brisée）
- 無鹽奶油……70g
- 低筋麵粉……150g
- 鹽……1/2 小撮
- 砂糖……1 大匙
- 油……1/2 大匙
- 冷水……1～3 大匙

蘋果……2 個
砂糖（一定要是白色的）……50g
水……少量
無鹽奶油……40g

製作方法

1. 製作酥脆塔皮麵團（→ P225），用保鮮膜包覆後靜置冷藏。
2. 蘋果削皮去芯，切成 8 等份的月牙狀。
3. 在模型中排放 2，以 220°C預熱的烤箱，烘烤約 20 分鐘。
4. 將同樣大小的盤皿蓋在 3 上，傾斜地將果汁倒至容器。蘋果移至盤皿上備用。
5. 在小鍋中放入砂糖、4 的果汁、可浸濕全體砂糖的水、奶油，用中火加熱。邊晃動鍋子邊加熱煮至呈焦糖色。
6. 將 5 倒入 4 的模型中，使其攤流在全體底部，4 的蘋果以放射狀地排入模型中。其餘的蘋果切小緊緊地排放在中央。
7. 用擀麵棍將 1 擀壓成較模型略大的形狀，用叉子在全體麵團表面刺出孔洞。
8. 把 7 覆蓋在 6 蘋果的表面，大於模型的麵團則按壓至模型的內緣。
9. 以 220°C預熱的烤箱，烘烤 20～30 分鐘。

草莓夏露特

Charlotte aux fraises

外觀優美典雅的慕斯蛋糕

◇ 種類：冰涼糕點　◇ 享用時機：餐後甜點、下午茶
◇ 構成：砂糖＋鮮奶油＋草莓＋手指餅乾＋明膠

Charlotte 是在稱為「Charlotte 夏露特模」的模型中，排放 biscuit à la cuiller（手指餅乾／又名 boudoir → P231），再倒入慕斯（→ P132）或巴巴露亞（→ P128），冷卻凝固地製成。在法國使用草莓、覆盆子、洋梨、巧克力的夏露特非常受歡迎。

Charlotte 夏露特的原型，是十八世紀末（也有一說是十九世紀初）為了向英國維多利亞女王的祖母－喬治三世的妻子 Charlotte 夏露特（英語發音）致意而創。將塗抹了奶油的吐司（或手指餅乾）排放在模型內，填入糖煮水果（蘋果或洋梨或黑李乾），在烤箱中長時間加熱，並在溫熱狀態下享用。轉變成現在這樣的冷製夏露特，是由安東尼・卡漢姆（Antonin Carême → P234）所創作。卡漢姆在侍奉英王喬治四世（前面提及 Charlotte 夏露特王妃的兒子）時，認識了英國版的夏露特。之後將吐司麵包改用手指餅乾，使用巴巴露亞取代糖煮水果，不加熱改用冰涼的方式呈現。經卡漢姆之手改良的法國版夏露特命名為 Charlotte parisienne 巴黎夏露特，在俄羅斯皇帝亞歷山大一世（Aleksandr I）時，改稱為 Charlotte russe 俄羅斯夏露特。

「Charlotte 夏露特」的名字由來，還有另一種說法。在這款糕點誕生當時，婦女所戴有褶邊的帽子就稱為「Charlotte」，因外形近似而以此命名。我個人比較期望是源於前者。

草莓夏露特（直徑 17cm 的夏露特模　1 個）

材料

粉狀明膠……15g
水……100ml
草莓……2 盒（500 ～ 600g）
砂糖……100g
檸檬汁……1/2 個
鮮奶油……200ml

手指餅乾……19 ～ 20 根

製作方法

1　明膠用水還原，以微波爐（600W）加熱 20 ～ 30 秒融化。
2　洗淨草莓，除去蒂頭用廚房紙巾拭乾水分，留下 200g 裝飾用，其餘的草莓加 70g 砂糖、檸檬汁一起放入攪拌機攪打後，移至缽盆。
3　在另外的缽盆中，放入鮮奶油和其餘的砂糖，在缽盆底部墊放冰水同時用攪拌器打發至呈濃稠狀（7 分打發）。
4　在 2 中加入冷卻後的 1、1/3 份量的 3，充分混拌。
5　將 4 倒回 3，用橡皮刮刀避免破壞氣泡地粗略混拌。
6　在底部鋪有保鮮膜的模型側面，排放手指餅乾。
7　將 5 倒入 6，表面覆蓋保鮮膜包覆後，放入冷藏室約 2 小時冷卻凝固。
8　將 7 脫模，以切成 1/4 的草莓裝飾表面。

柳橙冰舒芙蕾

Soufflé glacé à l'orange

清爽柳橙風味的冷製舒芙蕾

◇ 種類：冰涼糕點
◇ 享用時機：餐後甜點
◇ 構成：蛋黃＋砂糖＋鮮奶油＋柳橙＋檸檬

Soufflé glaceé 意思是「冷凍的舒芙蕾」。保有用烤箱烘烤的舒芙蕾(→ P100)外觀同時，製作成冰涼糕點。實際上不會像烘烤舒蕾般膨脹，因此在烤皿周圍圍上塑膠片或厚紙製作出高度，將材料倒入後冷凍。冷凍後，拆除圍起的塑膠片，就能感覺膨脹得像烤舒芙蕾一樣高。一般會在 Soufflé glaceé 冷凍的舒芙蕾中添加炸彈麵糊(pâte à bombe → P229)，但本書中是像製作卡士達奶油餡(→ P226)般，以加熱蛋黃的配方來製成。

柳橙冰舒芙蕾(外徑 9cm 圓型烤皿 2 個)

材料

柳橙……1 個
檸檬……1/2 個
蛋黃……2 個
砂糖……70g
柑曼怡白蘭地橙酒……2 大匙
鮮奶油……150ml
柳橙薄片…… 適量

製作方法

1 用奶油薄薄地刷塗在模型內，撒上細砂糖(皆材料表外)。在模型內緣紮實地鋪入厚紙，使邊緣較模型高出 2cm 以上，以膠帶固定。
2 清洗柳橙和檸檬，用廚房紙巾擦去水分。橙皮磨細，榨出果汁。檸檬僅榨出果汁。
3 在缽盆中放入蛋黃和 50g 細砂糖，用攪拌器攪打至顏色發白。
4 在 3 中加入 2 和柑曼怡白蘭地橙酒，充分混拌。
5 在小鍋中放 4 以中火加熱，邊攪拌邊加熱至沸騰並產生濃稠為止。待產生濃稠後倒回缽盆中，在底部墊放冰水冷卻。
6 在另外的缽盆中，放入鮮奶油和其餘的砂糖，在底部墊放冰水，邊用攪拌器打發至產生濃稠度(7 分打發)。
7 將 6 的 1/3 加入 5，用橡皮刮刀避免破壞氣泡地大動作混拌。
8 將 7 倒入 1，平整表面。表面覆蓋保鮮膜包覆後，放入冷藏室約 2 小時冷卻凝固。
9 拆除厚紙，依個人喜好添加柳橙裝飾。

Colonne 5

關於法國的冰涼糕點

法語冰淇淋稱為Crème glacée（冰凍的乳霜），一般會省略直接稱為Glace。冰淇淋簡而言之，就是凍結的卡士達醬（→P226）。

雪酪是Sortet或是Sorbet glacé（凍結的雪酪），一般會用前者來稱呼。與冰淇淋不同的是，雪酪不添加雞蛋和乳製品，以混合水果的果泥、果汁和糖漿（砂糖和水略熬煮製成）來製作。當然除了水果之外，也有其他能製作雪酪的材料。

在法國，有稱為Glacler的冰淇淋或雪酪專賣店。外帶時會用紙杯或餅乾杯，若有附設的Salon de Thé（咖啡座），也能在店內享用聖代（Parfait芭菲）。其他像蛋白餅冰淇淋（Vacherin→P52）等冰淇淋蛋糕的品項也很豐富，還有出售家庭內品嚐冰淇淋時可以搭配的迷你蛋白餅、或小型烘烤糕點等。

這些冰涼糕點，是小酒館、咖啡廳、餐廳等必定會準備的餐後甜點，即使菜單中沒有一一載明，但只要有顧客點單，應該都做得出來。在玻璃或不鏽鋼高腳杯中，擺放兩球以上的冰淇淋或雪酪，再佐以威化餅或瓦片餅乾（→P84）。

法國的冰涼糕點歷史，與十六世紀從麥地奇家嫁給享利二世的凱薩琳・德・麥地奇（Catherine de' Medici）有很深的淵源。當時她從流行最尖端的義大利嫁至法國，同時也將飲食文化、美食一併帶入法國，冰涼糕點也是如此。有一個說法是凱薩琳・德・麥地奇帶入法國的是雪酪，在法國添加了鮮奶油後，才變成現在的冰淇淋；另一個說法則是義大利人已經作出了添加鮮奶油的冰淇淋，直接以冰淇淋的形式傳入法國。

在1686年時，託了開設Café Procope的弗朗切斯科・普羅可布・德・可德里（Francesco Procopio dei Coltelli）的福，冰涼糕點開始在巴黎人之間廣為流傳。他出身於義大利西西里，推出了各式口味的冰淇淋和雪酪，瞬間爆紅成了人氣店家，現在Café Procope也仍以「巴黎最古老的咖啡廳」之名同時也是餐廳，持續營業中。

在巴黎被評為最美味的Glacler Berthillon的聖代（Parfait芭菲）

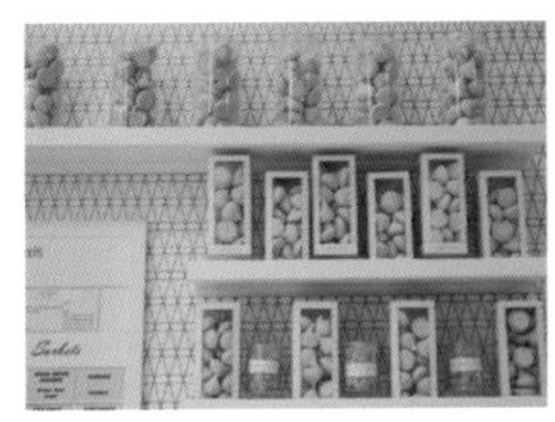

販售著蛋白餅或烘烤點心的Glacler冰淇淋專賣店

牛軋糖雪糕

Nougat glacé

仿南法傳統糕點牛軋糖的冰涼雪糕

◇ 種類：冰涼糕點　◇ 享用時機：餐後甜點
◇ 構成：蛋白＋砂糖＋鮮奶油＋乾燥水果＋堅果

「Nougat」是 Confiserie（糖果）的一種，以普羅旺斯北部邊境，蒙特利馬（Montelimar）所產的最為有名。因為使用南法大量栽植的杏仁和蜂蜜，所以是全南法地區都能見到的糕點。這樣類型的冰涼糕點，在法國稱為芭菲 Parfait，在義大利叫作 Semifreddo（半凍糕）。

Parfait 芭菲是現今冰淇淋製作方法原型的冰品，一般認為是從義大利傳入法國。

Nougat glacé 牛軋糖雪糕，是利用打發的蛋白霜、加熱的蜂蜜糖漿，使其凝固製成的義式蛋白霜，添加打發鮮奶油混合後，倒入模型中完成。即使沒有像製作冰淇淋般不斷地混拌，因為有蛋白霜和鮮奶油所含的氣泡，冷凍後是鬆軟的口感，不會變得硬梆梆。

Confiserie（糖果）牛軋糖

牛軋糖雪糕（17.5×8×6cm 的磅蛋糕模 1 個）

材料

整顆杏仁（帶皮）……20g
整顆開心果……20g
乾燥杏桃……20g
乾燥無花果（柔軟的）……20g
葡萄乾……20g
蘭姆酒……1 大匙
砂糖……25g
蛋白……1 個
蜂蜜……1 大匙
水……2 大匙
鮮奶油……100ml

製作方法

1 將烘焙紙鋪在模型中。
2 將堅果分別切成粗粒。
3 杏桃和無花果切成葡萄乾大小，和葡萄乾一起浸泡在蘭姆酒中，約 1 小時。
4 用小平底鍋炒香 2。先放入杏仁，炒至散發香氣後加入開心果略略炒香。
5 在 4 中加入半量的砂糖，邊晃動平底鍋邊加熱。至變成焦糖色並沾裹堅果後，移至舖有烘焙紙的砧板上。待凝固後用擀麵棍敲碎成 1cm 的塊狀。
6 在缽盆中放入蛋白，用攪拌器攪拌打發至顏色發白的蛋白霜。
7 在小鍋中放入其餘的砂糖、蜂蜜和水，以中火加熱至沸騰，再加熱至 117°C。
8 將 7 少量逐次地加入 6 中，持續打發蛋白霜至變涼為止。
9 在另外的缽盆中放入鮮奶油，在底部墊放冰水邊用攪拌器打發至產生濃稠度（7 分打發）。
10 將 8 的 1/3 加入 9，充分混拌。
11 將其餘的 10 分二次加入 8 中，用橡皮刮刀避免破壞氣泡地大動作混拌。
12 在 11 中加入瀝乾蘭姆酒的 3 和 5，輕輕混拌。
13 將 12 倒入 1，平整表面。表面覆蓋保鮮膜包覆後，放入冷凍室一夜使其變硬凝固。

＊步驟 7 的 117°C，是將 7 滴幾滴至水中時，會形成小圓球的狀態。

蜜桃梅爾芭

Pêche Melba

以「Pêche Melba」而聞名的甜點

◇ 種類：冰涼糕點　◇ 享用時機：餐後甜點、點心
◇ 構成：冰淇淋＋覆盆子醬汁＋鮮奶油＋桃子＋香緹鮮奶油

Pêche是法語「桃子」的意思。在法國從初夏開始整個夏天都是產季，扁平形狀、秋天產季的果肉會變紅的pêche de vigne，品種非常豐富。構思出這款甜點的是十九～二十世紀的代表性廚師－奧古斯特・艾斯考菲（Auguste Escoffier → P234）。他在1894年時，曾在倫敦的薩伏伊飯店（Savoy Hotel）擔任料理主廚。飯店常客的澳洲女高音內莉・梅爾芭（Nellie Melba）在倫敦科芬園（Covent Garden）演出歌劇『Lohengrin 羅恩格林』時，招待了艾斯考菲去觀賞。感動於她的歌聲，為了答謝她的演出，創作出的就是「Pêche Melba 蜜桃梅爾芭」。當時的Pêche Melba豪華至極，仿傚『Lohengrin 羅恩格林』第一幕登場的神秘天鵝，製作冰上天鵝，羽毛浸在銀色器皿中。在容器內放入香草冰淇淋，再排放桃子，完成時覆蓋上翻糖製作出的細緻糖網。1925年，荷蘭女王威廉明娜（Wilhelmina）在阿姆斯特丹王宮主辦的晚宴，當時已成為知名甜點的蜜桃梅爾芭在晚宴中上桌。這讓艾斯考菲覺得受到背叛，盛怒之下對媒體宣布「我的蜜桃梅爾芭，僅用成熟得恰如其分的柔軟桃子、纖細的香草冰淇淋和增添甜味的覆盆子果泥製成！」。現在若是提到Pêche Melba，為了尊重艾斯考菲的精神，指的就是用香草糖漿煮黃桃、香草冰淇淋、覆盆子果泥製作的成品，但也有很多配方會再添加香緹鮮奶油（→ P227）或杏仁片。

蜜桃梅爾芭（4人份）

材料

覆盆子醬
- 覆盆子果醬……4大匙
- 水……20ml

香緹鮮奶油
- 鮮奶油……100ml
- 砂糖……1大匙

香草冰淇淋……3杯（1杯＝110ml）
黃桃（罐裝／切半）……4個
杏仁片（烘烤過）……適量

製作方法

1 製作覆盆子醬。在小的耐熱容器內放入果醬和水，用微波爐（600W）加熱20～30秒，充分混拌製作成醬汁狀。
2 製作香緹鮮奶油（→ P227），放入裝有星形花嘴的擠花袋內。
3 在玻璃杯中放入冰淇淋，澆淋上完全冷卻的1。
4 在3上擺放黃桃，擠上2再撒上杏仁片。

美麗海倫燉梨

Poire Belle-Hélène

「洋梨 & 巧克力」的甜點代名詞

◇ 種類：冰涼糕點
◇ 享用時機：餐後甜點、點心
◇ 構成：冰淇淋＋巧克力醬＋洋梨

在法國，冰淇淋和板狀巧克力搭配的「洋梨 & 巧克力」經常可見，就是這款甜點的由來。構思出這款糕點的是奧古斯特・艾斯考菲(Auguste Escoffier → P234)。Belle-Hélène 是「美麗海倫」的意思，源自於德國出身的作曲家賈克・奧芬巴哈(Jacques Offenbach)的歌劇『La belle Hélène 美麗海倫』。這部歌劇在 1864 年時曾在巴黎的 Varieté 劇院進行首演，四年之後 1870 年，這款甜點就誕生了。

美麗海倫燉梨(4 人份)

材料

巧克力醬
- 苦甜巧克力……50g
- 鮮奶油……50ml
- 牛奶……2 大匙

香草冰淇淋……1 杯(＝ 110ml)
洋梨(罐裝／切半)……8 個
洋梨的果柄(如果有)…… 適量

製作方法

1. 製作巧克力醬。巧克力切碎。
2. 在小的耐熱容器內放入 1 和鮮奶油，用微波爐(600W 左右)加熱 20 ～ 30 秒，充分混拌。加入牛奶，再次加熱 20 ～ 30 秒，充分混拌製作成醬汁狀。
3. 在玻璃杯中放入冰淇淋，擺放洋梨，澆淋 2 並用果梗裝飾。

列日巧克力

Chocolat liégeois

口感滑順的巧克力點心

◇ 種類：冰涼糕點
◇ 享用時機：餐後甜點、點心
◇ 構成：砂糖＋牛奶＋鮮奶油＋巧克力

liégeois 是「列日」的意思，列日是比利時東部的城市名稱。本書中雖然介紹的是巧克力風味，但其實最先誕生的是咖啡風味的 Café liégeois。是為了向第一次世界大戰時重要的「列日戰役」致敬，將巴黎咖啡廳中冠以敵軍名的維也納咖啡，改名為「列日」開始的。現在，無論哪種風味，都不以液體而是以具稠度的乳霜為基底。

列日巧克力（4 人份）

材料

巧克力乳霜
- 苦甜巧克力……100g
- 牛奶……500ml
- 砂糖……50g
- 玉米粉……25g
- 可可粉（無糖）……2 大匙

香緹鮮奶油
- 鮮奶油……100ml
- 砂糖……1 大匙

可可粉（無糖）……適量

製作方法

1 製作巧克力乳霜。巧克力切成細碎。
2 在鍋中放入 100ml 牛奶、砂糖、玉米粉、可可粉，用攪拌器混拌至粉類完全消失。
3 將其餘牛奶加入 2，用中火加熱。
4 至即將沸騰前熄火，加入 1，以橡皮刮刀充分混拌至巧克力完全融化為止。
5 用小火加熱 4，邊用橡皮刮刀在鍋底劃寫 8 字形狀，邊混拌至產生稠度。
6 待 5 散熱後，倒入玻璃杯中，表面覆蓋保鮮膜，置於冷藏室冷卻。
7 製作香緹鮮奶油（→ P227），放入裝有星形花嘴的擠花袋內。
8 將 7 擠在 6 的表面，篩上可可粉。

小泡芙

Profiteroles

冰淇淋泡芙最適合搭配巧克力醬

◇ 種類：冰涼糕點　◇ 享用時機：餐後甜點、點心
◇ 構成：泡芙麵糊＋冰淇淋＋巧克力醬

Profiteroles，是填入香草冰淇淋的小泡芙疊放在容器後，澆淋溫熱巧克力醬享用的人氣甜點。

「Profiteroles」這個字出現在十六世紀，當時的拼法是 Profiterolle，意思是受僱者作為報酬收取的「小利益」。據說這個字出現在法國作家弗朗索瓦・拉伯雷（François Rabelais）著名的小說『La vie de Gargantua et de Pantagruel 巨人傳』當中。順道一提，即使是現代法語，Profit 這個字也是「利益」的意思。之後 Profiterolle 變成「灰燼下被烘烤的小圓球狀麵包」，浮在湯上食用。1690 年，以「填入切碎內臟（羔羊胸腺或羔羊腦等）的小麵包，用湯煮成的食物」而重新被大家認識。

與Profiterolle這個詞幾乎相同時間出現，現代的 Profiteroles 被用在泡芙麵糊，是從義大利嫁至法國王室的凱薩琳・德・麥地奇（Catherine de' Medici 亨利二世王妃）的廚師所引進（→ P14）。

到了十九世紀，就如同大家所熟知 Profiteroles 小泡芙的前身，是由安東尼・卡漢姆（Antonin Carême → P234）所創。以卡漢姆為師的尚・阿維斯（Jean Avice → P234），想到將奶油餡（卡士達奶油餡或香緹鮮奶油→ P227）填入泡芙當中。但至今仍無法確定，到底是誰想到要用冰淇淋取代奶油餡填入泡芙，並淋上巧克力醬。

Bistrot

小泡芙（4 人份）

材料

泡芙麵糊
- 無鹽奶油（回復室溫）……45g
- 低筋麵粉 ……45g
- 水 ……100ml
- 鹽 ……1/5 小匙
- 雞蛋（回復室溫）……2 個

巧克力醬
- 苦甜巧克力 ……50g
- 鮮奶油 ……50ml
- 牛奶 ……2 大匙

香草冰淇淋……2 杯（1 杯＝ 110ml）
杏仁片（烘烤過）…… 適量

製作方法

1. 製作泡芙麵糊（→ P224），放進裝有直徑 1cm 圓形花嘴的擠花袋內，在舖有烘焙紙的烤盤上擠成直徑 2cm 的圓形。
2. 以 200℃預熱的烤箱烘烤 20 分鐘，降至 170℃再烘烤 20 分鐘。
3. 待 2 完全冷卻後，橫向對切。
4. 製作巧克力醬。巧克力切成細碎。
5. 在小的耐熱容器内放入 4 和鮮奶油，用微波爐（600W 左右）加熱 20 ～ 30 秒，充分混拌。加入牛奶，再次加熱 20 ～ 30 秒，充分混拌製作成醬汁。
6. 將冰淇淋填至 3 中，放在玻璃容器内，淋上 5 並撒上杏仁片。

Pâtisserie familiale

家庭糕點

本章的家庭糕點，收集了可以在家庭製作的餐後甜點、

下午茶，或點心時間享用的零食。

也有很多與前一章小酒館糕點類似，

但收錄在本章的種類，在製作或構成上更簡單。

家庭糕點，是利用唾手可得、好利用的材料，

即使是新手都能很自然的開始製作，

很多沒有確切的歷史，

但為了家人們不斷地傳承至今，

有著溫暖歷程的甜點。

香草布丁

Crème à la vanille

簡單的卡士達點心

◇ 種類：雞蛋點心
◇ 享用時機：餐後甜點、點心
◇ 構成：蛋黃＋砂糖＋牛奶

介於卡士達奶油餡和卡士達醬的口感，歸類在 Crème dessert（乳霜點心）種類的甜點。香草布丁是稱作「Crème」甜點中構成最簡單的，法國甚至有單人包裝的冰凍甜點或罐裝商品。罐裝是 1921 年創業的食品廠商 Mont Blance 所推出的「Crème dessert」系列，1962 年命名，以開罐即可食用的點心上市，瞬間就成了人氣商品，至今仍持續銷售。

香草布丁（4 人份）

材料

蛋黃……2 個
砂糖……50g
玉米粉……15g
牛奶……500ml
香草莢……1/2 根

製作方法

1. 在缽盆中放入蛋黃和一半份量的砂糖，用攪拌器充分混拌。
2. 將玉米粉加入 1 中，混拌至粉類完全消失。
3. 在鍋中放入牛奶、其餘的砂糖、刮出的香草籽和香草莢，以中火加熱。
4. 在即將沸騰前熄火，少量逐次地加入 2 並混拌。
5. 全部加入後，再倒回鍋中，以小火加熱。邊用橡皮刮刀在鍋底劃寫 8 字形狀，邊混拌至產生稠度。

Maison

牛奶布丁

Œufs au lait

別名 / Pot de crème、Crème aux œuts

無焦糖版本的布丁

◇ 種類：雞蛋點心
◇ 享用時機：餐後甜點、點心
◇ 構成：雞蛋＋砂糖＋牛奶＋鮮奶油

直接翻譯就是「添加牛奶的雞蛋」。在雞蛋中放入砂糖或鹽、牛奶、鮮奶油混拌而成的奶蛋液稱作 appareil，蒸烤添加了砂糖的奶蛋液製作而成，也有咖啡或巧克力風味的成品。

雞蛋在法語中是非常麻煩的單字，單數型是 œuf 複數型是 œufs 發音各不相同。基本上，這款甜點使用的是複數的雞蛋，因此就成了 Œufs au lait，但根據食譜的記錄描述則命名為 Œuf au lait。

牛奶布丁（耐熱容器 150ml 3 人份）

材料

雞蛋……2 個
砂糖……50g
牛奶……200ml
鮮奶油……50ml

製作方法

1 在缽盆中放入雞蛋和砂糖，用攪拌器充分混拌。
2 依序在 1 中放入牛奶、鮮奶油，每次加入後都均勻混拌。
3 用過濾器過濾 2 倒入容器中。
4 將 3 放入倒有熱水的深烤盤中，以 150°C 預熱的烤箱隔水蒸烤 20 ～ 30 分鐘。

巴巴露亞

Bavarois

別名／Crème bavaroise

冠以德國巴伐利亞之名的冰涼糕點

◇ 種類：冰涼糕點　◇ 享用時機：餐後甜點
◇ 構成：蛋黃＋砂糖＋牛奶＋鮮奶油＋明膠

在日本，巴巴露亞和慕斯，都是使用明膠混拌後凝固製成的冰涼糕點。巴巴露亞以卡士達醬為基底，是稱為「Bavarois」的絕對條件。Mousse 慕斯，是「氣泡」的意思，所以也不難理解，材料打發後就成了「慕斯」（→ P132）。

Bavarois 正式稱為 Crème bavaroise（巴伐利亞的乳霜）。法語有陽性名詞和陰性名詞的區隔，還有相應的形容詞變化。crème 是陰性名詞，所以「巴伐利亞的」這個形容詞就必須是陰性形容詞「Bavaroise」。Bavarois 是「巴伐利亞的」陽性形容詞，同時也是「巴伐利亞的」名詞化單字。無論如何，這些都明白地意味著，此糕點是從德國南部的巴伐利亞傳來。最有力的說法，是在十四世紀時，嫁給法國國王理查六世，巴伐利亞的伊薩博（德語／ Isabeau de Bavière）所帶進來，但並沒有留下文獻的記載。

安東尼・卡漢姆（Antonin Carême → P234）所構思的 Charlotte parisienne（巴黎夏露特 → P113）當中也使用了巴巴露亞。1815 年卡漢姆出版的“Le Pâtissier Royal Parisien 巴黎的宮庭糕點師”當中就記載了 30 多種以上 Fromage bavarois（巴伐利亞起司）的食譜配方。當時「起司」指的是「放入模型的固狀物」，因此 Fromage bavarois 指的不是起司而是以明膠凝固的甜點。

巴巴露亞（果凍模 150ml　4 個）

材料

粉狀明膠……10g
水……100ml
蛋黃……3 個
砂糖……70～80g
低筋麵粉……1 小匙
牛奶……400ml
香草莢……1/2 根
鮮奶油……100ml

製作方法

1. 明膠放入水中還原。
2. 在缽盆中放入蛋黃和砂糖，用攪拌器充分混拌。
3. 在 2 中加入低筋麵粉，混拌至粉類完全消失。
4. 在鍋中放入牛奶和其餘的砂糖、刮出的香草籽、香草莢，以中火加熱。
5. 在即將沸騰前熄火，少量逐次地加入 3 混拌。
6. 全部加入後，再放回鍋中，以小火加熱。邊用橡皮刮刀在鍋底劃寫 8 字形狀邊混拌至產生稠度。
7. 將 1 加入 6 中，充分混拌至明膠完全融化。
8. 鮮奶油加入 7 中，充分混拌。
9. 邊用過濾器過濾 8 邊倒入內側用水濡濕的容器中，放入冷藏室內約 2 小時使其冷卻凝固。

杏仁奶凍

Blanc-manger

隱約散發杏仁香氣的白色點心

◇ 種類：冰涼糕點　◇ 享用時機：餐後甜點
◇ 構成：砂糖＋牛奶＋鮮奶油＋杏仁＋明膠

白色的外觀，很容易與義式甜點的Panna Cotta 義式奶酪混淆，但這是誕生於法國，有「白色食品」意思的甜點。與義式奶酪最大的不同，是使用了杏仁。想要迅速節省步驟時會使用杏仁牛奶，像本書一樣，使用牛奶和杏仁一起加熱，使香氣轉移到牛奶中。為什麼會使用杏仁？與這款甜點的傳入路徑有關。

Blanc-manger 的歷史相當古老，從中世紀左右就開始有這個「白色食品」的名稱。泰爾馮（Taillevent → P235）的著作“Le Viandier 料理書”當中就記錄描述著「利用杏仁粉增添稠度，使用多膠質的白肉或魚的甜鹹滑順濃湯（potage）」，至十七世紀為止，都能在書籍記錄確認其蹤影。但到了法國大革命前似乎就無法製作了，因為在梅農（Menon → P235）1746 年出版的“La Cuisinière Bourgeoise 布爾喬亞家的女廚師”中，沒有相關記述。而在帝政時代結束，使用杏仁粉和明膠的甜點再次出現，完成甜點的是安東尼・卡漢姆（Antonin Carême → P234）。卡漢姆在 1815 年出版的“Le Pâtissier Royal Parisien 巴黎的宮庭糕點師”，記錄了 Blanc-manger 杏仁奶凍的食譜配方，其中也有在杏仁牛奶中加入瑪拉斯奇諾（Maraschino）櫻桃酒、枸櫞（Cédrat 檸檬的原始種）、香草、咖啡等增添香氣的應用食譜。枸櫞（Cédrat 僅使用外皮）或香草、咖啡等是溫熱杏仁牛奶時一起加入，使香氣移轉即可。無論哪一種都激發出令人想要嚐試的心情。

杏仁奶凍（布丁模 110ml　5 個）

材料

粉狀明膠 …… 7.5g
水 …… 100ml
整顆杏仁（帶皮）…… 100g
牛奶 …… 200ml
砂糖 …… 70g
鮮奶油 …… 200ml

杏仁（帶皮）…… 適量

製作方法

1. 明膠放入水中還原。
2. 杏仁 100g 用熱水煮 1 ～ 2 分鐘。
3. 將 2 浸泡在冷水中，剝去薄皮切成粗粒。
4. 在小鍋中放入牛奶和 3，以中火加熱，在即將沸騰前熄火。直接放置 30 分鐘，使杏仁的香氣移轉至牛奶中。
5. 過濾 4，將牛奶放回小鍋中，添加砂糖，以小火加熱。
6. 待 5 的砂糖融化後，離火加入 1，充分混拌至明膠完全融化。
7. 將鮮奶油加入 6 中，充分混拌。
8. 將 7 倒入內側用水濡濕的容器中，放入冷藏室內約 2 小時使其冷卻凝固。
9. 脫模，放至盤中，用杏仁裝飾。

莓果慕斯

Mousse aux fruits rouges

用草莓製作的莓果慕斯

◇ 種類：冰涼糕點　◇ 享用時機：餐後甜點
◇ 構成：砂糖＋鮮奶油＋莓果＋明膠

Mousse慕斯是「氣泡」的意思(→P129)，定義是「蛋白或鮮奶油打發，或是加入兩者的物質」，而這其中大部分是用明膠使其凝固，但像巧克力慕斯(Mousse au chocolat→P106)就是利用巧克力來凝固。使用水果的慕斯當中，最受歡迎的是 fruits rouges（紅色莓果）。草莓、覆盆子、黑莓、藍莓、紅醋栗、黑醋栗(cassis)等等，在法國櫻桃、石榴也算在此分類中。

莓果慕斯（果凍模 100ml　8 個）

材料

粉狀明膠⋯⋯5g	砂糖⋯⋯60g
水⋯⋯50ml	檸檬汁⋯⋯2 小匙
草莓⋯⋯1 盒（250g 左右）	鮮奶油⋯⋯200ml

製作方法

1 明膠放入水中還原，放入微波爐（600W）加熱 20 ～ 30 秒，使其融化。
2 洗淨草莓，除去草莓蒂，用廚房紙巾擦乾水分。
3 將步驟 2 與 40g 砂糖、檸檬汁一起用攪拌機攪打後移至缽盆。
4 在另外的缽盆中放入鮮奶油，加入其餘的砂糖，在缽盆底部墊放冰水，邊冷卻邊用攪拌器打發至產生濃稠度（7 分打發）。
5 在 3 中加入散熱後的 1，加入 4 的 1/3 份量充分混拌。
6 將 5 倒回 4 中，用橡皮刮刀避免破壞氣泡地粗略混拌。
7 將 6 倒入內側用水濡濕的容器中，放入冷藏室內約 2 小時使其冷卻凝固。

Colonne 6

關於時尚的多層蛋糕（Entremets）

巴黎的麗池埃科菲廚藝學校（Ecole Ritz Escoffier）有名為「現代多層蛋糕（Modern Entremets → P236）」的課程。其中的授課內容就包含我想像中，各式風味的慕斯和乳霜基底的美麗法式糕點。而法國的糕點，眾所周知有經典糕點和「慕斯或乳霜基底的創作糕點」。而法國著名的糕點或傳入日本的法式糕點，多半是後者。在九 O 年後半，我研修的店家，糕點主廚最擅長的是巧克力糕點，因此店內經常會排放 5 ～ 6 種巧克力的創作糕點。基底材料上層疊慕斯或鮮奶油，再利用鏡面淋醬（glaçage → P229）呈現光澤。從構成到裝飾，在在都挑戰著糕點師的技巧以及能力的發揮，這就是此範疇的糕點特色。最近，藉由日益發達製作糕點的材料和工具，具立體層次感的效果等，令人耳目一新地出現。

現在正閃耀崛起的糕點師菲利普・康帝辛尼（Philippe Conticini），在 1994 年發想出 Verrine 杯狀糕點。在小小的玻璃杯中，層疊地擺放材料、乳霜、慕斯等製作而成。僅使用一般蛋糕中不會使用的柔軟乳霜或慕斯，就能呈現出口感極佳的甜點。外觀華麗，因此掀起流行浪潮，也可以用於搭配餐前酒享用地製成鹹味點心。現在雖然不太常見，但 Verrine 杯狀糕點也可說是「Modern Entremets 現代多層蛋糕」的一種吧。

將經典糕點加以變化，開始 pâtisserie revisitée（糕點重新詮釋）的第一人，不用說就是康帝辛尼大師吧。在他擔任糕點主廚的 La pâtisserie de Rêves 店內，製作出長方形的聖多諾黑 Saint-Honoré；或像是 Mister Donut 波堤甜甜圈般形狀的巴黎布雷斯特等進行銷售，蔚為話題。「revisitée」在法語當中的意思是「重新詮釋」，在此指的是將自古流傳下來的糕點略加改變，使其變身成嶄新的糕點。簡而言之就像「草莓大福」一樣，將令人懷念的和讓人耳目一新的結為一體，不就是現在最最流行的「Modern Entremets」嗎。

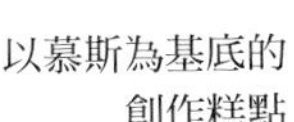
以慕斯為基底的
創作糕點

水果沙拉

Salade de fruits

使用當季水果
隨性自由搭配

◇ 種類：水果點心　◇ 享用時機：餐後甜點
◇ 構成：砂糖＋水果＋檸檬汁

法國的水果沙拉，製作方法有二種。一是本書介紹的方法，切好的水果上撒上砂糖和檸檬汁，混拌鮮果汁和水果產生的水分。另一種是利用砂糖和水製作糖漿，切好的水果混拌糖漿來製作。在法國，春天用的是草莓及其他莓果類、夏季是杏桃或桃子、秋天有葡萄及蘋果、冬季則是柑橘類或荔枝等，若能使用當季的水果會更令人欣喜。本書中使用的是無關乎季節，都能很容易購得的水果。

水果沙拉（4 人份）

材料

蘋果……1 個　　奇異果……1 個
香蕉……1 根　　柳橙……1 個
檸檬汁……1 大匙　　細砂糖……20 ～ 30g

製作方法

1 充分洗淨蘋果去芯，切成厚3mm的扇形，放入缽盆中。
2 香蕉去皮切成 5mm 厚的圓片，與檸檬汁一起加入 1，輕輕混合全體。
3 奇異果去皮，切成 5mm 厚的扇形，加入 2 中。
4 柳橙切除上下兩端，將周圍的橙皮連同薄膜一起切掉。刀子沿著薄膜切出所有果肉，加入 3 當中。
5 將 20g 砂糖加入 4，輕輕混合全體。包覆保鮮膜，置於冷藏室冷卻最少 1 個小時。
6 在食用前先試試味道，若甜味不足時，再加入其他的細砂糖，輕輕混合。

＊在步驟 5 中，也可以添加蘭姆酒、白蘭地等洋酒。

糖煮蘋果

Compote de pommes

用蘋果製作，
最簡單的甜點

◇ 種類：水果點心　◇ 享用時機：餐後甜點
◇ 構成：砂糖＋蘋果

在日本稱為 compote，是指以糖漿保留水果形狀，熬煮出來的成品。但在法國，compote 是添加砂糖（和水）熬煮至水果形狀崩壞為止。即使用同樣水果的糖煮，添加的砂糖少於 Cinfiture（果醬），因此保存時間無法像果醬一樣長。用蘋果製作的糖煮蘋果，是糖煮中的基本款，也可以作為嬰兒的離乳食。在販售甜點的地方，可以看到蘋果 & 洋梨、蘋果 & 大黃（Rhubarb）組合的糖煮蘋果。

糖煮蘋果（4 人份）

材料

蘋果（削皮去芯）……400g
水……400ml
砂糖……40～60g
香草莢……1/2 根

製作方法

1. 蘋果切成粗丁。
2. 在鍋中放入 1、水、40g 的砂糖、刮出的香草籽和香草莢，用中火加熱，煮至蘋果軟化。
3. 用擀麵棍尖端搗碎 2，或用攪拌機攪打成泥狀。
4. 將 3 再次放回鍋中，用木杓邊混拌邊加熱至剩餘水份恰到好處為止。
5. 試試 4 的味道，若甜味不足時，再加入 10～20g 細砂糖，邊混拌邊加熱至略略沸騰為止。

* 在冷藏室冰涼也很美味。

烤蘋果

Pomme au four

別名 / Pomme cuite

法國版的烤蘋果

◇ 種類：水果點心　◇ 享用時機：餐後甜點
◇ 構成：奶油＋砂糖＋蘋果

法國蘋果，比日本的蘋果小，是最明顯的特徵。相對於日本蘋果平均約 300g，法國大約只有一半重量的 150g。法國蘋果的特徵是帶著酸和澀的野生風味，大約可分成三大類。pomme de table（意思是「桌上的蘋果」直接食用，也有其他各種稱法）、pomme à cuire（加熱用蘋果）、pomme à cidre（蘋果白蘭地用的蘋果）。au four 的法語，是「烤箱烘烤」的意思，無需其他步驟就能美味完成的優異烹調法。

烤蘋果（1 個）

材料

蘋果（如果有就用紅玉）……1 個
砂糖……15g
無鹽奶油……10g
糖漿
- 水……50ml
- 砂糖……5 ～ 10g

製作方法

1. 蘋果充分洗淨，注意不要切到底部地去除芯，用叉子在全體刺出孔洞。
2. 在耐熱容器內放入 1，將 10g 砂糖和奶油塗滿在孔洞中及表皮。
3. 將 2 放入以 180℃預熱的烤箱，烘烤 30 分鐘。
4. 製作糖漿。在小鍋中放入水和砂糖，用中火加熱煮至砂糖融化。
5. 從烤箱取出 3，撒上其餘的砂糖，再澆淋 4 的糖漿。
6. 將 5 再次烘烤 30 分鐘。過程中大約打開烤箱二次左右，將耐熱容器內的湯汁澆淋在蘋果上。

＊ 也可以趁熱搭配香草冰淇淋。

紅酒西洋梨

Poire au vin rouge

紅酒煮洋梨

◇ 種類：水果點心　◇ 享用時機：餐後甜點
◇ 構成：砂糖＋洋梨＋紅葡萄酒＋香料

洋梨，可以說是僅次於蘋果，最受歡迎的水果。與烤蘋果(→ P136)相同，已經無法考證是誰創始的了，從以前開始法國家家庭院都有果樹，蘋果也是身邊唾手可得的材料，因此自然地就製成餐後甜點吧。現今的法國，洋梨也可以在春季以外的季節收成，細長形的 Conférence、圓滾形狀的 Comice 品種、可以製作「Poire Williams」洋梨酒的 Williams 品種，也很受歡迎。

紅酒西洋梨（4 個）

材料

洋梨……4 個
紅葡萄酒……450ml
水……50ml
砂糖……100g
肉桂（棒）……2 根
月桂葉……1 片
香草莢……1/3 根

製作方法

1. 洋梨留下果梗、削去果皮。
2. 在口徑小具高度的鍋中，放入紅葡萄酒、水、砂糖、肉桂、月桂葉、刮出的香草籽和香草莢，以中火加熱，邊輕輕混拌邊煮至沸騰。
3. 將 1 放入 2 中，覆蓋作為落蓋的烘焙紙。用文火煮約 1 小時。過程中，每隔 10 分鐘就澆淋一次鍋內的湯汁。
4. 從 3 中取出洋梨，用中火熬煮至湯汁剩下半量。
5. 將洋梨放回鍋中，覆蓋作為落蓋的烘焙紙，靜置一夜。

＊添加香料可視個人喜好調整。

蘋果貝涅餅

Beignets aux pommes

蘋果中間有孔洞
就像甜甜圈

◇ 種類：油炸點心
◇ 享用時機：餐後甜點、點心、節慶糕點
◇ 構成：麵粉＋雞蛋＋砂糖＋蘋果＋蘋果氣泡酒

Beignet是「油炸點心」的意思。法國的麵包坊兼糕點店中販售的貝涅餅，是像日本炸豆沙麵包般的形狀。可以在中間包入糖煮蘋果（Compote de pommes → P135）或覆盆子果醬。Beignets aux pommes（蘋果貝涅餅）基本上是可以在家製作的點心，蘋果的產地遍布法國全境，其中諾曼第就十分著名，材料若使用諾曼第的特產蘋果氣泡酒，能讓香氣更加提升，推薦大家試試。若沒有，也可以使用啤酒。

蘋果貝涅餅（1個）

材料

蘋果……2個
檸檬汁……1/2個
麵衣
- 雞蛋……1個
- 鹽……1/4～1/5小匙
- 蘋果氣泡酒……70ml
- 低筋麵粉……70g
- 砂糖……10g

油……適量
糖粉……適量

製作方法

1. 蘋果削皮切成3mm的圓片，用較大的擠花嘴等按壓除去果核，兩面都澆淋檸檬汁。
2. 製作麵衣。分開雞蛋的蛋白和蛋黃，各別放入缽盆中。
3. 在蛋黃的缽盆中加入鹽，用攪拌器混拌。
4. 在3中加入蘋果氣泡酒，充分混拌。
5. 邊過篩低筋麵粉邊加入4，混拌至粉類完全消失。
6. 用攪拌器將2的蛋白打發至顏色發白，加入砂糖，繼續打發至尖角直立的蛋白霜。
7. 將6加入5，以橡皮刮刀避免破壞氣泡地粗略混拌。
8. 確實將7沾裹在1的表面，用170°C的熱油炸至呈金黃色。
9. 食用前篩上糖粉。

Maison

蘋果酥頂

Crumble aux pommes

由英國傳來的
超高人氣甜點

◇ 種類：水果點心
◇ 享用時機：餐後甜點、下午茶
◇ 構成：麵粉＋奶油＋砂糖＋蘋果

幾乎是法國的 Salon de Thé（咖啡座）都必定能提供的甜點。Crumble，英文是「細碎物」的意思。在英國當地，一年四季都產蘋果，據說起因是在蘋果上撒剩餘的麵包粉，才做出了這個點心。但較二十世紀更早的古文獻中，卻未曾提及。Crumble 的語源是「使其細碎」來自斯堪地那維亞（Scandinavia）的古語，而且北歐的塔底材料也會使用 Crumble，所以這個傳入路徑的可能性更高吧。

蘋果酥頂（外徑 23cm 的派餅盤 1 個）

材料

蘋果……2 個
檸檬汁……1/2 個
酥頂
- 無鹽奶油……80g
- 低筋麵粉……120g
- 砂糖……50g
- 鹽……2 小撮
- 檸檬汁……1/2 小匙

製作方法

1. 蘋果削皮去芯，切成約 2cm 的塊狀。全體澆淋檸檬汁。
2. 製作酥頂（Crumble）。奶油切成 1cm 的塊狀。
3. 在缽盆中放入低筋麵粉和 2，邊撒上粉類邊用手指將奶油搓散。
4. 在 3 中加入砂糖、鹽、肉桂，搓揉成鬆散狀（紅豆粒大小），放入冷藏室至少 15 分鐘。
5. 在模型中放入 1，將 4 撒在全體表面。
6. 以 180°C 預熱的烤箱，烘烤 30～40 分鐘。

＊ 120g 低筋麵粉中的 40g，可以用燕麥粉或杏仁粉取代。

磅蛋糕

Quatre-quarts

以相等比例製作的基本款奶油蛋糕

◇ 種類：蛋糕　◇ 享用時機：早餐、餐後甜點、下午茶、零食
◇ 構成：麵粉＋奶油＋雞蛋＋砂糖

英語的 cake，指的是所有種類的蛋糕，但在法國使用 moule à cake（磅蛋糕模）烘烤的蛋糕，才是磅蛋糕（cake → P66 ～ 69），就是在日本被稱作「磅蛋糕」或「奶油蛋糕」的甜點。例外地不被稱為 cake 的，反而是最簡單的配方製作出的這款甜點。Quatre-quarts 是「4 個 1/4」的意思，指的是「奶油蛋糕主要材料的奶油、砂糖、雞蛋、麵粉這四種，都使用等量製作」。英語的「pound cake」，也是因為四種材料每種各使用 1 磅而來。Quatre-quarts 磅蛋糕，據說是十九世紀中期開始才廣為人知。

雞蛋大約是以 1 個 50g（M 尺寸的重量）來想定，使用 3 個時，就是奶油 150g、砂糖 150g、麵粉 150g。本來要減少砂糖用量，但基於尊重名稱，所以保持了等量的配方。奶油蛋糕的製作方法，基本上是將奶油攪打成乳霜狀，加入砂糖、雞蛋，最後加入粉類。添加砂糖、雞蛋時，能飽含空氣地確實混拌，就是製作的重點。利用飽含空氣和泡打粉的力量，使麵糊能漂亮地膨脹起來。依照配方的不同，也有將雞蛋中的蛋白和蛋黃分開，將蛋白攪打成蛋白霜後再行添加的方法，或是使奶油融化後再添加，僅使用泡打粉的力量來膨脹蛋糕等方法。

市場中販售烘烤成圓形，少見的 Quatre-quarts 磅蛋糕。1 片約 2.5 歐元（約 90 台幣）

磅蛋糕（19×9× 高 8cm 的磅蛋糕模　1 個）

材料

低筋麵粉 …… 150g
泡打粉 …… 2 小匙
鹽 …… 2 小撮
無鹽奶油（回復室溫）…… 150g
砂糖 …… 150g
雞蛋（回復室溫）…… 150g

製作方法

1　在模型中舖放烘焙紙。
2　混合粉類（低筋麵粉～鹽），用叉子充分混合。
3　在缽盆中放入奶油，用攪拌器攪打至變軟為止。
4　砂糖少量逐次地加入 3 中，攪打至膨鬆顏色發白為止。
5　雞蛋每次 1 個地逐次加入 4 中，每次加入都充分混拌。
6　邊過篩 2 邊加入 5 中，用橡皮刮刀以切拌的方式混拌至粉類完全消失。
7　將 6 倒入 1 中，表面覆蓋保鮮膜放入冷藏室靜置一夜。
8　以 180°C預熱的烤箱，烘烤約 1 小時。

優格蛋糕

Gâteau au yaourt

利用優格和油製作的健康蛋糕

◇ 種類：蛋糕　◇ 享用時機：早餐、餐後甜點、下午茶、零食
◇ 構成：麵粉＋雞蛋＋優格＋油

Gâteau au yaourt（優格蛋糕），是使用乳製品的糕點產業，大幅演進的1970年代非常盛行的甜點。這款蛋糕使用的無糖原味優格，在法國是以1個125g的容器販售，配方也非常獨特，首先將優格放入缽盆中，使用空的優格容器量測砂糖、油、麵粉的用量，依照食譜指示加入。例如：1 pot de yaourt nature（原味優格1瓶）、2 pots de sucre（砂糖2瓶）、3 pots de farine（麵粉3瓶）、1/2 pots d'huile（油1/2瓶）。pot是「瓶」或「壺」的意思，在此指的是優格的容器。過去優格容器都是以陶器或玻璃製成，在家庭中也會製作優格，在跳蚤市場就能找到裝在一起，製作優格用6～8個一組的小容器。法國並沒有像日本這樣一大盒販售的優格，大概是從過去就留下單一人份的習慣吧。

不使用奶油而改用液體油也是這個蛋糕的特徵。在法國一般會使用單一植物製作的油脂，大致會使用菜籽油或葵花油等香氣不強的油品，在日本，使用沙拉油也可以吧。本書中介紹的是沒有添加其他材料的原味優格蛋糕，建議也可以添加新鮮的洋梨或蘋果，會更美味。

法國的原味優格

優格蛋糕（直徑16cm的環形模　1個）

材料

低筋麵粉……80g
泡打粉……1小匙
雞蛋……1個
砂糖……50g
油……25ml
原味優格（無糖）……100g

製作方法

1. 在模型中薄薄地刷塗奶油、撒入低筋麵粉（皆材料表外）。
2. 混合低筋麵粉和泡打粉，用叉子充分混合。
3. 在缽盆中放入雞蛋攪散，加入砂糖，用攪拌器充分混拌。
4. 在3中依序加入油和優格，每次加入都充分混拌。
5. 邊過篩2邊加入4，用橡皮刮刀以切拌的方式混拌至粉類完全消失。
6. 將5倒入1，以170℃預熱的烤箱烘烤40～50分鐘。

＊也可以加入切成1cm塊狀的蘋果或洋梨烘烤。
＊也能用17.5×8×高6cm的磅蛋糕模烘烤。

巧克力蛋糕

Fondant au chocolat

別名／Gâteau au chocolat、Mœlleux au chocolat

入口即化的經典款巧克力蛋糕

◇ 種類：巧克力糕點　◇ 享用時機：餐後甜點、下午茶、零食
◇ 構成：麵粉＋奶油＋雞蛋＋砂糖＋巧克力

巧克力蛋糕，在法國不分男女老少都熱愛。小朋友的生日會或不熟知喜好的朋友聚餐等，只要準備的是巧克力蛋糕就不會出錯了。

Fondant，是動詞 fondre「可融化」的現在分詞，成為「入口即融」的形容詞，再變化成「入口即融的物質」的名詞。

主要是用巧克力、奶油、雞蛋製作，粉類很少，所以融化般的口感極佳，所以才會有這樣的名稱。Gâteau au chocolat 巧克力蛋糕，一般來說粉類會比熔岩蛋糕多，所以口感近似奶油蛋糕。另一種是名為 Mœlleux au chocolat（Mœlleux 是「柔軟之物」的意思）的軟芯巧克力蛋糕，但最近在法國有越來越近似 Gâteau au chocolat 巧克力蛋糕的傾向。這三種因配方而名稱相異，所以區隔上也相當困難。

本書中，巧克力蛋糕介紹了中央處有流沙狀的熔岩巧克力蛋糕（Coulant au chocolat → P107）。Mi-cuit au chocolat（半烘烤巧克力蛋糕）或巧克力蛋糕（Fondant au chocolat）等，因配方而有不同名稱，或許這樣的不統一才最具法國味吧…。

Maison

巧克力蛋糕（直徑 18cm 的菊形模　1 個）

材料

低筋麵粉……4 大匙
可可粉（無糖）……2 大匙
苦甜巧克力……300g
無鹽奶油……100g
雞蛋……4 個
蘭姆酒……2 大匙
即溶咖啡……1 大匙
砂糖……1 大匙

糖粉……適量

製作方法

1 在模型內薄薄地刷塗奶油（材料表外）。
2 混合低筋麵粉和可可粉，用叉子充分混合。
3 巧克力細細切碎，奶油切成 2cm 的塊狀。
4 在缽盆中放入 3，在缽盆底部墊放熱水隔水加熱使其融化。
5 雞蛋分開蛋黃和蛋白，將蛋黃加入 4 中，用攪拌器充分混拌。蛋白放入另外的缽盆中。
6 在 5 的巧克力缽盆中，依序加入蘭姆酒、即溶咖啡，每次加入都充分混拌。
7 攪打 5 的蛋白，打發至顏色發白，加入砂糖繼續打發至尖角直立。
8 將 7 的 1/3 份量加入 6，用攪拌器確實混拌。邊過篩 2 邊加入，攪拌至粉類完全消失。
9 將剩餘的 7 分二次加入 8，用橡皮刮刀避免破壞氣泡地粗略混拌。
10 將 9 倒入 1，放在裝滿熱水的深烤盤上，以 180°C 預熱的烤箱，隔水蒸烤 30 ～ 40 分鐘。
11 散熱後，脫模，待完全冷卻後篩上糖粉。

＊ 也可以用直徑 18cm 的圓模。

Spécialités régionales

法國各地傳統糕點

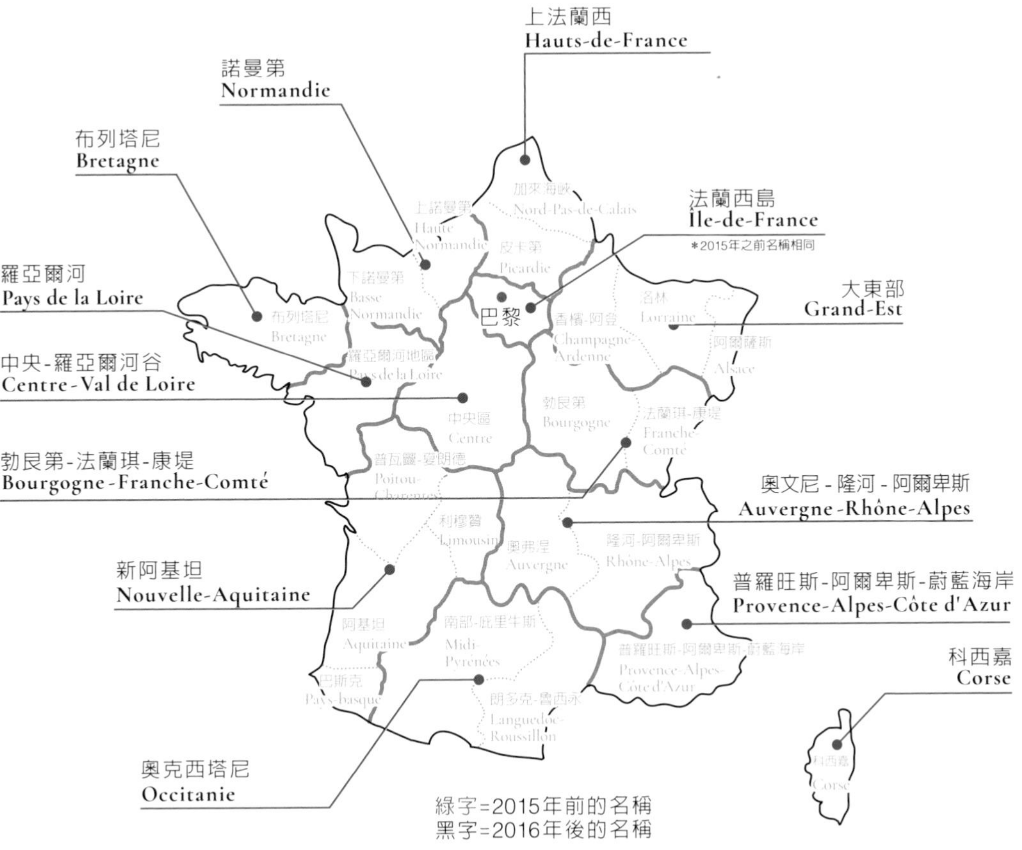

2016年法國進行地區重新分劃統合，
從22個地區變成13個大區。有像布列塔尼和諾曼第
這樣重新編制前後幾乎沒有改變的區域，
也有像阿爾薩斯、洛林、香檳—阿登，
被合併成「Grand-Est大東部」變化巨大的地區。
另外，在法國大革命前，就開始使用的古地名，
變成糕點名，或是使用方言的地區，
都是從過去至今，無法割捨的喜愛之情。
在此介紹充滿各地特色下孕育出的糕點。

大東部
（阿爾薩斯／洛林／香檳 - 阿登）

Grand-Est
（Alsace ／ Lorraine ／ Champagne-Ardenne）

＊庫克洛夫→P152
＊茴香餅乾→P155
＊洋梨麵包→P158
＊南錫法式巧克力蛋糕→P159
＊蘭斯玫瑰餅乾→P160

阿爾薩斯人手製的庫克洛夫

復活節（Pâques）食用的羔羊形狀糕點

阿爾薩斯，位置與德國相鄰，有曾經被德國占領的歷史。阿爾薩斯語很近似德語，從庫克洛夫（→ P152）或白起司（fromage blanc）塔（→ P39）等，這些受到德國或奧地利影響的糕點中可窺得一二。其他在聖誕節或復活節等宗教祭典時，保留下來的獨特糕點，正是阿爾薩斯才有的吧。

洛林，受惠於孚日山脈（Massif des Vosges）、默茲河（Meuse）、莫澤河（Moselle）等豐沛的自然環境，有廣大的果園能收穫豐富的水果。特別有名的是醋栗（→ P207）和黃香李。甜食愛好者的美食家舊波蘭王，斯坦尼斯瓦夫・萊什琴斯基（Stanisław Leszczyński 法語讀音），在統治這裡的十八世紀，孕育出巴巴露亞（→ P40）和瑪德蓮（→ P72）。

香檳－阿登，是氣泡葡萄酒之王－香檳（Champagne）的產地。結合香檳構思出來的蘭斯玫瑰餅乾（→ P160）和比勃艮第更早傳入的香料蛋糕（→ P192）都很有名。

上法蘭西
（加來海峽／皮卡第）

Hauts-de-France
（Nord-Pas-de-Calais / Picardie）

＊格子鬆餅→P162
＊凱密客麵包→P164
＊糖塔→P166
＊達圖瓦派→P168

法國北部，與比利時西部、荷蘭南部合稱「Flandre 法蘭德斯」，過去是法蘭德斯伯爵的領地。在這樣的歷史背景下，加來海峽有些近似比利時或荷蘭的飲食文化，最具代表性的就是格子鬆餅（Gaufres → P162）和凱密客麵包（→ P164）。因為也是甜菜（砂糖蘿蔔／ beet → P162）、菊苣（chicory）的著名產地，利用甜菜和菊苣根焙煎製成的菊苣咖啡來製作甜點也是特徵之一。

加來海峽的南部皮卡第，亞眠的馬卡龍（→ P78）是當地廣為人知的糕點。

諾曼第
（上諾曼第／下諾曼第）
Normandie
（Haute-Normandie / Basse-Normandie）

＊布里歐→P170
＊布爾德羅蘋果酥→P172
＊盧昂蜜盧頓杏仁塔→P174
＊米布丁→P176

有一半土地是牧草地的諾曼第，盛行飼育乳牛。奶油、鮮奶油、起司等乳製品，都是法國首屈一指的好品質。使用了大量奶油的砂布列（→ P80）或布里歐（→ P170），應該不難想像都由此地誕生。另一項名產是蘋果，從蘋果、蘋果氣泡酒（釀造酒）到蘋果白蘭地（calvados）都有，許多種使用蘋果的糕點，正是諾曼第獨特之處吧。

布列塔尼
Bretagne

＊布列塔尼蛋糕→P178
＊奶油烘餅→P180
＊布列塔尼烤布丁→P182
＊布列塔尼蕎麥蛋糕→P184

位於法國最西的位置，有稱為布列塔尼語（Breton）的方言。大西洋沿岸盛行漁業，但內陸土地卻貧瘠無法栽植小麥。因此取而代之地種植蕎麥，在此誕生了可麗餅前身的烘餅（Galette）。雖然奶油也很有名，但布列塔尼的奶油與其他地區相異之處在於含有鹽份（法國餐桌的奶油一般是無鹽），包括受到法國各地歡迎，著名的焦糖巧克力球（含鹽奶油製作的焦糖），和含鹽奶油所烘焙的糕點。

羅亞爾河地區
Pays de la Loire
中央-羅亞爾河谷
Centre-Val de Loire
勃艮第-法蘭琪-康堤
Bourgogne-Franche-Comté

＊奶油餅乾→P186
＊安茹白起司蛋糕→P188
＊佩多儂炸泡芙→P189
＊皇冠杏仁派→P190
＊香料蛋糕→P192

羅亞爾河流域，有許多在十六世紀後所建的皇家及貴族的古城堡。羅亞爾河靠近大西洋的那一側，受到諾曼第和布列塔尼的影響，主要都市南特使用奶油製作的砂布列和奶油餅乾（→ P186），旺代的布里歐就非常有名。稍屬內陸都市的安茹，在以烘焙糕點為主的地區中，有極罕見使用鮮奶油製作的冰涼糕點安茹白起司蛋糕（d'Anjou → P188）。

中央－羅亞爾河谷，有歐洲數一數二的穀倉地帶博斯（Beauce）平原，以契福瑞起司（Fromage au lait de chèvre）和白葡萄酒的產地聞名，仍保留了許多能感受到當地歷史的糕點，像是皇冠杏仁派（→ P190）、翻轉蘋果塔（→ P110）、科梅希的馬卡龍（→ P78）等。

勃艮第地方，更是著名的葡萄酒產地，法國的夏洛

第戎的香料蛋糕店

來牛（Charolaise）、蝸牛、芥末等，代表法國的美食都匯集於此。關於甜點，勃艮第公國（Duché de Bourgogne）時代就傳入的香料蛋糕（→ P192），以及使用莓果類黑醋栗（Cassis → P207）的甜品就非常著名。

法蘭琪－康堤地方，本是勃艮第公國的領土，歷史上與現在是同樣的區域。但因為有汝拉山脈（Jura），山的另一端是瑞士，因此飲食文化上也受到相當的影響。

奧文尼-隆河-阿爾卑斯
Auvergne-Rhône-Alpes

奧文尼，與共同擁有曾經是火山群「中央高地」的利穆贊，經常被綁在一起談論。從地理上來說，不利於農業，奧文尼的人們不得已前往巴黎工作。他們在巴黎開始經營木炭店，旁邊賣葡萄酒，之後發展成咖啡店，建立了巴黎咖啡文化的基礎，成為出名的一樁佳話。

合併的隆河－阿爾卑斯，與奧文尼正好是完全相反的對照組。以美食之都的里昂為中心，有著以保羅博庫斯（Paul Bocuse → P235）為首的眾多星級餐廳，包含舊薩瓦，還留有誕生在十四世紀時的薩瓦海綿蛋糕（→ P204）。

新阿基坦
（普瓦圖 - 夏朗德／利穆贊／阿基坦／巴斯克）
Nouvelle-Aquitaine
(Poitou-Charentes / Limousin / Aquitaine (Pays-basque))

奧克西塔尼
（南部 - 庇里牛斯／朗多克 - 魯西永）
Occitanie
（Midi-Pyrénées / Languedoc-Roussillon）

提到普瓦圖－夏朗德，以艾許（Echire）奶油為代表的夏朗德產奶油最聞名。夏朗德是法國兩大的奶油產地之一（另一個是諾曼第）。

利穆贊與前面提到的奧文尼在地理上十分近似，也是使用櫻桃製作克拉芙堤（→ P98）的誕生地。

阿基坦，葡萄酒產地的波爾多、鵝肝醬和核桃產地的佩里戈爾，以及與西班牙國境交界的巴斯克等，這些具有特色的都市都集中在此地區。巴斯克橫跨法國與西班牙，由法國的三個縣與西班牙的四個縣，共七

伊特薩蘇(Itxassou)村的
黑櫻桃果醬

個縣組合而成。雖然現在的行政劃分上並不存在，但巴斯克是個仍存有獨自的語言，文化色彩濃厚的地方。巴斯克櫻桃果醬蛋糕(→ P212)是最具代表性的巴斯克甜點。巴斯克，更是從西班牙最早傳入巧克力的地方而為人所知。

南部－庇里牛斯與朗多克－魯西永，本來就是很相似的文化圈，因此合併成「奧克西塔尼」也不太令人感到意外。全年日照時間長，盛行釀製葡萄酒。使用大茴香籽的糕點、使用主要都市土魯斯(Toulouse)所產，紫羅蘭的甜點都很有名。

普羅旺斯–阿爾卑斯–蔚藍海岸
Provence-Alpes-Côte d'Azur

科西嘉
Corse

＊卡里頌杏仁餅→P216
＊梭子餅→P218
＊特羅佩塔→P220
＊科西嘉起司蛋糕→P222

市場販售的手工卡里頌杏仁餅

開心果口味、柳橙×蜂蜜口味等色彩繽紛的梭子餅

擁有全法國人都憧憬的閃亮太陽，和蔚藍海洋的普羅旺斯－阿爾卑斯－蔚藍海岸。在內陸區的普羅旺斯和面地中海的蔚藍海岸，雖然景色不盡相同，但都有很多使用了杏仁或松子、糖漬水果(→ P67)和蜂蜜等布里歐甜點。卡里頌杏仁餅(→ P216)和牛軋糖(→ P117)就是最具代表的點心。

科西嘉島是位於法國東南方的小島，法語稱為「Corse」。也是眾所皆知拿破崙・波拿巴(Napoléon Bonaparte)的出生地。島上有近似義大利語的科西嘉語，島民們也以自己獨特的文化自豪。甜點也是島上特有的種類，使用了科西嘉島產新鮮起司「布羅秋山羊起司(Brocciu)」製作的糕點，烘烤起司的科西嘉起司蛋糕(→ P222)、塔、貝涅餅(Beignet 油炸點心)等，變化豐富。與阿爾代什(→ P195)並列栗子產地，也有使用栗子粉製作的蛋糕或餅乾。以克萊門汀(Clementine → P207)為首的柑橘類產量也很豐富。

庫克洛夫

Kouglof

別名／Kougelhof等等

阿爾薩斯最具代表性的發酵糕點

◇ 種類：發酵糕點　◇ 享用時機：餐後甜點、下午茶、零食、開胃小點
◇ 地區：阿爾薩斯　◇ 構成：麵粉＋奶油＋雞蛋＋砂糖＋牛奶＋葡萄乾＋杏仁

代表阿爾薩斯的糕點庫克洛夫，是將葡萄乾加入麵團中，頂端放上整顆的杏仁製成。以烘烤完成的狀態排放在店內櫥窗中，客人購買後才會篩上糖粉。過去在阿爾薩斯，據說每個家庭都會烘烤來作為週日早餐享用，也有 Kouglof salé 鹹味庫克洛夫，就是用培根取代葡萄乾，用核桃代替杏仁來烘烤，也可以作為開胃酒點心，最常一起搭配享用的是阿爾薩斯產的白葡萄酒。大約十年前，在定居於阿爾薩斯的法國人家中，曾經有過甜味庫克洛夫與白葡萄酒一起享用的經驗。甜甜的庫克洛夫和葡萄酒的組合，竟也非常契合。

庫克洛夫，在阿爾薩斯語是 Kugelhopf，關於庫克洛夫的發源，有各式各樣的說法，可以確定的是從中世紀開始就已經存

庫克洛夫（直徑 15cm 的庫克洛夫模　1 個）

材料

整顆杏仁（帶皮）……13 顆
葡萄乾……50g
蘭姆酒……1 大匙
牛奶……65ml
無鹽奶油……30g
乾燥酵母……3g
高筋麵粉……190g
砂糖……50g
雞蛋……1 個
鹽……1/4 小匙

糖粉……適量

製作方法

1. 在模型中刷塗奶油，撒上高筋麵粉（皆為材料表外），底部排放杏仁。
2. 葡萄乾放入熱水中浸泡 10 分鐘，變軟後瀝去熱水，澆淋上蘭姆酒。
3. 在小鍋中放入牛奶，以中火加熱至即將沸騰前。僅取 1 大匙（15ml）至小容器內備用。
4. 在 3 的其餘牛奶中加入奶油，用橡皮刮刀充分混拌至奶油完全融化。若無法融化時，再次加熱鍋子。
5. 3 取出的 1 大匙牛奶溫度降至人體肌膚溫度（30～40℃）時，加入酵母，輕輕混拌，靜置 5 分鐘。
6. 在缽盆中放入 170g 高筋麵粉、砂糖和 5，用手輕輕混拌均勻。
7. 依序在 6 中加入雞蛋、步驟 4，每次加入後都均勻揉入麵團中。揉和至黏呼呼的麵團不再黏手的程度。
8. 加入其餘的高筋麵粉，揉和 5 分鐘。加入鹽，再揉和 5 分鐘。
9. 將 2 加入 8，揉和 5 分鐘。
10. 在 9 表面覆蓋保鮮膜，放在 30～40℃的地方（或使用發酵箱）靜置發酵 1 小時。
11. 待 10 膨脹至 2～3 倍後，用拳頭按壓麵團排出氣體，再靜置發酵 10 分鐘。
12. 在 11 的中央作出孔洞，放入 1 的模型中覆蓋保鮮膜，放在 30～40℃的地方（或使用發酵箱）靜置發酵 40 分鐘。
13. 用 180℃預熱的烤箱烘烤 30～45 分鐘。
14. 散熱後脫模，待完全冷卻後篩上糖粉。

在了。庫克洛夫存在於以德國為中心的周圍地區，也就是法國的阿爾薩斯・洛林或是奧地利、瑞士、盧森堡等地。是當時村莊的結婚儀式、洗禮時，都會享用的糕點。德語當中稱為 Gugelhupf，據說 Gugel 是「僧侶的帽子」，hupf 是「啤酒酵母」的意思。麵團用啤酒酵母來發酵，從名字就很容易瞭解意思，但最近在德國或奧地利看到的庫克洛夫，好像大多都是用庫克洛夫模來烘烤奶油蛋糕麵糊。

在阿爾薩斯，居民間流傳著關於庫克洛夫誕生很棒的典故軼事。據說在這個稱為里博維萊（Ribeauvillé）村中住著的陶工，招待了來自東方的三賢士（聖經中在東方得知耶穌降生後，帶著祝福前往相會的三賢士→ P63）。作為謝禮，使用了陶工製作的罕見模型進行烘烤，完成的就是庫克洛夫。但若此一說，庫克洛夫的誕生就會落在西元前後了。在里博維萊村，從 1972 年開始每逢六月就會展開「庫克洛夫節慶」（現在已不舉行）。

傳說是從維也納嫁給法國路易十六的瑪麗・安東妮（Marie Antoinette）帶進法國宮廷中，孩提時作為早餐享用的庫克洛夫令她懷念不已。出現在文獻上，則是 1890 年皮耶・拉康（Pierre Lacam → P235）的著作 “Le Mémorial de la Pâtisserie 法國糕點備忘錄”。而且記載著庫克洛夫在 1840 年，是由名為喬治（Georges）的糕點師，從阿爾薩斯的主要都市史特拉斯堡（Strasbourg）帶入巴黎。他在巴黎聖三一教堂（Église de la Sainte-Trinité de Paris）附近的紹塞 - 昂坦 Chaussée-d'Antin 區（加尼葉歌劇院的後面，現在的巴黎九區）公雞大道（Avenue du Coq）上開設了樸質的店。冠以 Gouglouff 之名的庫克洛夫，變成了店內的人氣商品。

庫克洛夫是使用陶製模型來烘烤，陶製的模型上，有許多肉眼所無法看見的孔洞，熱氣和蒸氣可以由孔洞散出，製作出膨鬆的成品。這個模型，在阿爾薩斯北部、接近德國邊境的蘇夫勒奈姆（Soufflenheim）村製成，使用村裡特有的黏土，製作的庫克洛夫模、復活節 Pâques 的羔羊（Agneau pascal → P156）模型、製作稱為 Beckhoff 的阿爾薩斯料理用橢圓形鍋具等，從過去至今，包辦了阿爾薩斯廚房中不可或缺的所有工具。麵包坊兼糕點店的廚房，使用的都是沒有圖案花色，由蘇夫勒奈姆村（Soufflenheim）所製作的模型。阿爾薩斯相較之下，無論哪個城鎮，都充滿鮮明的色彩，即使是烤箱中所使用的，也是兼具實用性，花色可愛的庫克洛夫模。

阿爾薩斯土產店販售的蘇夫勒奈姆（Soufflenheim）陶器

茴香餅乾

Pain d'anis

別名 / Springerle

聖誕節的餅乾，可愛的浮雕

◇ 種類：烘烤糕點
◇ 享用時機：下午茶、零食、節慶糕點
◇ 地區：阿爾薩斯
◇ 構成：麵粉＋雞蛋＋砂糖＋大茴香籽

茴香餅乾從中世紀就存在了，除了阿爾薩斯之外，在瑞士、德國南部的巴登－符騰堡邦(Baden-Württemberg)都能看到的糕點。主要是在聖誕節(Noël)時製作(→ P157)，裝飾在樅樹上。使用的是特製的浮雕模型，常可見赤陶製成，但至十六世紀為止，都使用洋梨木雕刻而成。主要圖案是心型、職人、動物、聖經的內容等各式各樣。脫模後，要在室溫下放置 12 ～ 24 小時使其乾燥，而且要烘烤成上色不明顯的狀態，正是這款糕點的特徵。

茴香餅乾（10×7.5cm 的浮雕模型 6 片）

材料

大茴香籽 ……2 小匙
鹽 ……1 小撮
雞蛋 ……1 個
低筋麵粉 ……180g
砂糖 ……100g

製作方法

1 大茴香籽在磨缽內輕輕研磨，至散發香氣。
2 在缽盆中放入雞蛋攪散，加入砂糖和鹽，用攪拌器充分混拌。
3 將 1 和低筋麵粉邊過篩邊加入 2，用橡皮刮刀以切拌的方式混拌至粉類完全消失為止。
4 用手將 3 整合成團，包覆保鮮膜，置於冷藏室靜置一夜。
5 以擀麵棍將 4 擀壓成 5mm 厚，在確實撒入高筋麵粉(材料表外)的浮雕模型中，用力按壓。慢慢地脫去模型，用刀子沿著圖案形狀切開。
6 將 5 排放在舖有烘焙紙的烤盤上，以 180°C預熱的烤箱，烘烤 10 ～ 15 分鐘。

＊ 沒有浮雕模型時，也可以將麵團擀壓成 3mm，再用刀子切分成小的長方形。
＊ 烘烤色澤不明顯的狀態，口感較柔軟也較容易食用。

Colonne 7

阿爾薩斯•洛林的節慶糕點

甜點天堂的阿爾薩斯・洛林，有著其他地方看不到的罕見節慶糕點。春季復活節（Pâques / Easter）時出現的 Agneau pascal（復活節羔羊 a），阿爾薩斯語稱為 Lammele（有各式各樣的稱呼）。使用一分為二的陶製模型，放入近似海綿蛋糕麵糊來製作，完成時篩上糖粉，純白的糖粉看起來就像羔羊，在復活節時期的早上食用。

阿爾薩斯・洛林及北法等，也有聖誕節前的孩童節慶，像是 12 月 6 日聖尼古拉節（Saint Nicholas Day → P64）。聖尼古拉（Saint Nicholas）是兒童的守護聖者，有著白鬍、紅衣、紅帽，所以也有人說這不就是聖誕老人的原型嗎？這個時期，在阿爾薩斯北側（史特拉斯堡 Strasbourg 為主要都市）有稱 Mannele；阿爾薩斯南側（米盧斯 Mulhouse 為主要都市）則叫 Mannala 的布里歐人偶麵包（b）上市。在聖尼古拉節這天，一起品嚐這款麵包搭配熱巧克力（熱可可），還有克萊門汀（Clementine 小柑橘），是當地的傳統。聖尼古拉形狀的扁平茴香麵包（→ P65）也是這個時期才有的糕點。

阿爾薩斯的聖誕節（Noël），應該是

a

b

法國最具魅力的吧。Marché de Noël（聖誕市集 c），強烈受到德國文化影響之處由此開始。聖誕市集中，販售著各種形狀風味的聖誕小餅乾 Bredele（d）。在阿爾薩斯「沒有聖誕小餅乾 Bredele 就不是聖誕節」，這些餅乾不僅是食用，更被用來裝飾聖誕樹。聖誕小餅乾 Bredele 有星形或擠出的各種形狀，種類繁多幾乎可以裝訂成冊，茴香餅乾（→ P155）也是其中之一。餅乾的尺寸一般大多是用浮雕模型來烘烤，但也有各種大小形狀的模型（e）。

阿爾薩斯傳統的聖誕蛋糕洋梨麵包（Berawecka / Beerawecka → P158），就是用乾燥水果和堅果製成的半圓形堅硬的糕點。乾燥水果，除了一般常見的之外，還會放入切成薄片的洋梨、蘋果或桃子。是阿爾薩斯人針對冬季重要節慶、聖誕節所做的準備，收成的水果每次都先烹煮起來，將這些收集起來製作的就是甜蜜蜜的洋梨麵包 Berawecka。想像這些過程，總是讓人忍不住會心一笑。

c

d

e

洋梨麵包

Berawecka / Beerawecka

別名 / Hützelbròt 等

乾燥水果和堅果的硬質糕點

◇ 種類：發酵糕點
◇ 享用時機：餐後甜點、開胃小點、節慶糕點
◇ 地區：阿爾薩斯
◇ 構成：麵粉＋奶油＋雞蛋＋砂糖＋乾燥水果＋堅果＋香料

洋梨麵包是阿爾薩斯、德國南部、奧地利、瑞士等地方都會食用的聖誕節糕點（→ P64、157）。Bera 是「洋梨」，wecka 是「小的麵包或蛋糕」的意思，將這些字串在一起取出的名字。正如其名以乾燥洋梨為主，還添加了其他的乾燥水果（蘋果、桃子、無花果等）和堅果。將這些浸泡在杜松子酒（schnaps 蒸餾酒）或櫻桃白蘭地中，再揉和至發酵麵團內。本書介紹的是可以享用到風味，同時也能簡單製作，使用泡打粉的配方。

洋梨麵包（20×6×高 5cm 2個）

材料

乾燥無花果（柔軟型）……100g
葡萄乾……100g
乾燥洋李（無籽／柔軟型）……50g
低筋麵粉……80g
泡打粉……1/3 小匙
肉桂粉……1/2 小匙
多香果粉……1/4 小匙
無鹽奶油（回復室溫）……50g
砂糖……20g
雞蛋……1 個
蘭姆酒……1 大匙
整顆杏仁（烘烤過）……70g
核桃……30g

製作方法

1. 乾燥水果類用熱水浸泡 10 分鐘，變軟後瀝乾熱水。無花果和洋李對半分切。
2. 混合粉類，用叉子充分混合。
3. 缽盆中放入奶油，用攪拌器混拌至變軟。
4. 依序在 3 放入砂糖、雞蛋，充分混拌。
5. 另一個缽盆放入 1 和蘭姆酒，充分混合。
6. 在 4 加入堅果類和 5，用橡皮刮刀混拌。
7. 邊過篩 2 邊加入 6，像切開般地混拌至粉類完全消失。
8. 將 7 分成 2 個，擺放在舖有烘焙紙的烤盤上。用橡皮刮刀邊按壓邊整型成魚板狀。
9. 以 180°C預熱的烤箱，烘烤 30 分鐘。

南錫巧克力蛋糕

Gâteau au chocolat de Nancy

添加杏仁粉口感潤澤的巧克力蛋糕

◇ 種類：巧克力糕點
◇ 享用時機：餐後甜點、下午茶、零食
◇ 地區：洛林
◇ 構成：奶油＋雞蛋＋砂糖＋巧克力＋杏仁粉

洛林的主要都市南錫的巧克力蛋糕。根據歷史學家歐內斯特・奧里科斯特・德・拉扎克（Ernest Auricoste de Lazarque）在1890年著作的"La Cuisine messine 梅斯的料理"初版中，就記載了巧克力蛋糕的食譜配方。但再版時，同樣的食譜配方追加冠上了「南錫的」，並且也刊載了洛林的都市，梅斯（Metz）的巧克力蛋糕。根據書上的內容，南錫的巧克力蛋糕是僅使用少量的粉類，屬於杏仁粉和巧克力的磅蛋糕風格；梅斯的巧克力蛋糕則是添加了巧克力碎片的海綿蛋糕。

南錫巧克力蛋糕
（直徑 18cm 的圓形模　1 個）

材料

苦甜巧克力 …… 150g
無鹽奶油 …… 150g
雞蛋 …… 3 個
砂糖 …… 80g
杏仁粉 …… 80g
玉米粉 …… 1 大匙
可可粉（無糖）
…… 2 大匙＋適量

製作方法

1 在模型內薄薄地刷塗奶油（材料表外）。
2 巧克力細細切碎，奶油切成 2cm 的塊狀。
3 在缽盆中放入 2，底部隔水加熱使其融化。
4 雞蛋分開蛋黃和蛋白，將蛋黃加入 3 中，用攪拌器充分混拌。蛋白放入另外的缽盆中。
5 在 4 的巧克力缽盆中，依序加入半量砂糖、杏仁粉、玉米粉、2 大匙可可粉，每次加入都充分混拌。
6 用攪拌器攪打 4 的蛋白，打發至顏色發白為止。加入其餘的砂糖繼續打發至尖角直立。
7 將 1/3 的 6 加入 5，用攪拌器確實混拌。接著將其餘的 6 分二次加入，每次加入都用橡皮刮刀避免破壞氣泡地粗略混拌。
8 將 7 倒入 1，放在裝滿熱水的深烤盤上，以 180°C 預熱的烤箱，蒸烤 40～45 分鐘。
9 散熱後脫模，待完全冷卻後篩上可可粉。

蘭斯玫瑰餅乾

Biscuits roses de Reims

淡淡粉紅色的手指餅乾

◇ 種類：烘烤糕點　◇ 享用時機：下午茶、開胃小點
◇ 構成：麵粉＋奶油＋砂糖

淡淡粉紅色的烘烤糕點，是香檳區的主要都市蘭斯的著名糕點。蘭斯，有法國君主時代歷任法國國王舉行加冕儀式的蘭斯聖母院（Cathedral Notre-Dame de Reims），非常著名。

這款糕點的歷史可以回溯至1690年代，當地的麵包坊在烘烤完麵包之後，想利用烤窯的餘溫做點什麼，而構思出來的。當時的想法是若將已經烘烤過的材料，利用烤窯的餘溫再次烘烤，就能有更酥脆的口感。biscuit的單字，就是由此衍生而來，是bis（二次）與cuit（烘烤的）二個字複合而成。當然最初是自然的烘烤色澤，但後來使用了天然染料的胭脂蟲色素（cochineal extract）染成了粉紅色。

成為Biscuits roses de Reims蘭斯玫瑰餅乾代名詞的蘭斯本店，是由Maison Fossier公司於1756年創業的老店，在1775年路易十六加冕儀式時，獻上這款餅乾，成了皇室御用認證名店。

這款餅乾要佐香檳（Champagne）浸潤後享用，葡萄酒也可以。以這可愛的粉紅色為武器，也能作用在夏露特（→ P112）或提拉米蘇，或是壓成粉狀作為裝飾，畫龍點睛地將食材發揮至極限。

適用於單人小型夏露特，迷你尺寸的蘭斯玫瑰餅乾

蘭斯玫瑰餅乾（8.5cm×4cm 的長方形　約 20 個）

材料

低筋麵粉……100g
玉米粉……30g
雞蛋……2 個
砂糖……100g
水……1 小匙
食用紅色素……3 耳杓
香草精……數滴
糖粉……適量

製作方法

1. 在費南雪模型中薄薄地刷塗奶油，撒上低筋麵粉（皆材料表外）。
2. 混合低筋麵粉和玉米粉，用叉子充分混合。
3. 在缽盆中放入雞蛋，用攪拌器充分打散攪拌。
4. 在 3 中加入砂糖，邊在缽盆底部墊放熱水隔水加熱，邊打發至顏色發白並呈濃稠狀緩緩落下的程度。
5. 在 4 中加入用水溶解的食用紅色素、香草精，混拌至顏色均勻呈現。
6. 將 2 過篩加入 5 中，用橡皮刮刀以切拌的方式混拌至粉類完全消失。放進裝有直徑 1cm 圓形花嘴的擠花袋內。
7. 將 6 擠至 1 的一半高度，在全體表面篩上糖粉，以 180˚C 預熱的烤箱，烘烤 15 分鐘。

格子鬆餅

Gaufres

用酵母發酵麵團製作的華夫鬆餅（waffle）

◇ 種類：發酵糕點　◇ 享用時機：餐後甜點、下午茶、零食
◇ 地區：北部-加來海峽　◇ 構成：麵粉＋奶油＋雞蛋＋砂糖＋牛奶

華夫鬆餅（waffle）是法蘭德斯（Flandre→P148）的傳統糕點。法蘭德斯包含北法、比利時及荷蘭的一部分。「waffle」是荷蘭語的發音，法語則是 Gaufre。到了北法，將薄軟的鬆餅夾入奶油餡等，讓我見識到少見的格子鬆餅。

中世紀左右，吃的是現在鬆餅原型的 Oublie 烏比餅，製作的人被稱為 oubloyer 烏比師（以前稱為 obloyer）。十五世紀中期，據說在巴黎有 29 位 oubloyer 烏比師。利用未精製的粉類、水、鹽製作的食物，很受平民百姓們的喜愛，為富裕人家製作時，會添加雞蛋、砂糖（或蜂蜜）、牛奶。查理九世（Charles IX），因巴黎到處都是攤販，所以制定法律規定攤販與攤販間的距離，特別喜歡鬆餅的法蘭索瓦一世（François I），製作了嵌入紋章、沙羅曼蛇（Salamander 傳說中的生物）、皇家縮寫的銀器鬆餅模型。大約 100 年之後，拉・瓦雷納（La Varenne → P235）在 1653 年出版的著作“La Pâtissier François 法國的糕點師”中，記錄描述了使用啤酒酵母的鬆餅食譜。接著 1751 年出版的“Le Cannaméliste Français 法國甜點列表（→ P235）”當中描述了以下的內容，鬆餅是法蘭德斯的傳統糕點，使用小四方形有凹凸的鬆餅模型來烘烤。

Régions

格子鬆餅（8 個）

材料

牛奶……150ml
無鹽奶油……30g
高筋麵粉……125g
乾燥酵母……3g
雞蛋……1 個
砂糖……30g
鹽……1 小撮

融化奶油……適量

製作方法

1 在小鍋中放入牛奶，以中火加熱，溫熱至即將沸騰前。
2 奶油加入 1 中，用橡皮刮刀混拌至完全融化。若未完全融化就再次加熱鍋子。
3 在缽盆中篩入高筋麵粉，在中央做出凹陷。在凹陷處放入酵母、雞蛋、砂糖、鹽，用攪拌器輕輕混拌。
4 將 2 少量逐次地加入 3 中，充分混拌。
5 將 4 覆蓋保鮮膜，放在 30 ～ 40℃的地方（或使用發酵箱）靜置發酵 1 小時。
6 將鬆餅機放瓦斯爐上加熱，之後刷塗融化奶油。
7 用湯杓舀出 1/8 的 5 放入 6，烘烤至二面都呈現酥脆的金黃色澤。
8 重覆 6、7 的步驟。

＊ 可依個人喜好搭配糖粉、打發鮮奶油、果醬、水果等。

凱密客麵包

Cramique / Kramiek

帶著隱約甜味的布里歐麵包

◇ 種類：發酵糕點　◇ 享用時機：早餐、下午茶、零食
◇ 地區：北部-加來海峽　◇ 構成：麵粉＋奶油＋雞蛋＋砂糖＋葡萄乾＋珍珠糖粒

凱密客麵包與格子鬆餅(→ P162)同樣是北法和比利時等法蘭德斯(→ P148)食用的地方傳統糕點。開始有這款糕點存在的記錄，是北法里爾(Lille)的 Paul 麵包坊。現在 Paul 店內是以 Brioche cramique sucre raisins（砂糖和葡萄乾布里歐）的名稱來販售，添加了珍珠糖粒和葡萄乾，有點歪斜的橢圓形。在北法和比利時，經常可以看到用吐司模烘烤的成品，但傳統上使用的是科林斯品種的葡萄乾。這款麵包出現在法國北部是從十八世紀開始，在此之前好像沒有。凱密客麵包的原型，據說始於十四世紀的香檳(→ P148)，被稱為 Cramiche 的白色麵包。

麵包坊內整顆的凱密客麵包，也可用巧克力碎取代葡萄乾

凱密客麵包（17.5×8×6cm 的磅蛋糕模　1 個）

材料

葡萄乾……50g
蘭姆酒……1 大匙
牛奶……65ml
無鹽奶油……30g
乾燥酵母……3g
高筋麵粉……190g
砂糖……20g
雞蛋……1 個
鹽……1/4 小匙
珍珠糖粒……30g

雞蛋……適量

製作方法

1. 在模型中刷塗奶油，撒上高筋麵粉（皆為材料表外）。
2. 葡萄乾放入熱水中浸泡 10 分鐘，變軟後瀝去熱水，澆淋上蘭姆酒。
3. 在小鍋中放入牛奶，以中火加熱至即將沸騰前。僅取 1 大匙（15ml）至小容器內備用。
4. 在 3 的其餘牛奶中加入奶油，用橡皮刮刀充分混拌至奶油完全融化。若無法融化時，再次加熱鍋子。
5. 3 取出的 1 大匙牛奶溫度降至人體肌膚（30～40℃）溫度時，加入酵母，輕輕混拌，靜置 5 分鐘。
6. 在缽盆中放入 170g 高筋麵粉、砂糖和 5，用手輕輕混拌均勻。
7. 依序在 6 中加入雞蛋、4，每次加入後都揉和入麵團中。揉和至黏呼呼的麵團不再沾手的程度，揉和 5 分鐘。
8. 在 7 加入其餘的高筋麵粉，揉和 5 分鐘。加入鹽，再揉和 5 分鐘。
9. 在 8 表面覆蓋保鮮膜，放在 30～40℃的地方（或使用發酵箱）靜置發酵 1 小時。
10. 待 9 膨脹至 2～3 倍後，用拳頭按壓麵團排出氣體，再直接靜置發酵 10 分鐘。
11. 在 10 加入 2 和珍珠糖粒，揉和至均勻分布。
12. 將 11 放入 1 的模型中覆蓋保鮮膜，放在 30～40℃的地方（或使用發酵箱）靜置發酵 40 分鐘。
13. 在表面刷塗蛋液，用 180℃預熱的烤箱烘烤 40 分鐘。

糖塔

Tarte au sucre

以濃郁砂糖為主角的塔

◇ 種類：塔
◇ 享用時機：餐後甜點、下午茶
◇ 地區：北部-加來海峽
◇ 構成：塔皮麵團＋雞蛋＋砂糖＋鮮奶油

意思是「砂糖的塔」。這款塔，特徵就是使用了法國北部特產的甜菜(別名／砂糖蘿蔔、beet)製成的茶色甜菜糖 Vergeoise (→ P167)。很多地方都會使用布里歐麵團，但本書中使用的是酥脆塔皮麵團的食譜。十八世紀後半，在北法有十二個製糖工廠，里爾最古老的廠創業於 1680 年(也有說是 1690 年)。

糖塔(直徑 21 ～ 23cm　1 個)

材料

酥脆塔皮麵團
(pâte brisée)
- 無鹽奶油 …… 70g
- 低筋麵粉 …… 150g
- 鹽 …… 1/2 小撮
- 砂糖 …… 1 大匙
- 油 …… 1/2 大匙
- 冷水 …… 1 ～ 3 大匙

內餡
- 雞蛋 …… 1 個
- 茶色砂糖(Vergeoise 甜菜糖) …… 80g
- 鮮奶油 …… 2 大匙

製作方法

1 製作酥脆塔皮麵團(→ P225)。
2 用擀麵棍將 1 擀壓成直徑 27cm 的圓形，邊緣約 1cm 地朝內折入 2 次，製作出高度。用叉子在邊緣斜向劃出圖紋，全體表面刺出孔洞，放入冷藏室 15 分鐘。
3 將 2 放在舖有烘焙紙的烤盤上，麵團上也墊放烘焙紙，並擺放重石。以 220℃預熱的烤箱，烘烤 15 分鐘。
4 製作內餡。在缽盆中放入雞蛋，加入茶色甜菜糖(Vergeoise)，用攪拌器充分混拌。
5 在 4 中加入鮮奶油，混拌。
6 將 5 倒入 3，將溫度調低至 200℃烤箱，烘烤 15 分鐘。

＊ 沒有茶色甜菜糖(Vergeoise)時，可以使用紅糖或黑糖(dark brown sugar)。

Colonne 8

關於法國的砂糖

法國的砂糖，有以顏色或以原料區分，名稱也會因而不同。

sucre blanc
白砂糖

sucre semoule
sucre en poudre
流通量最大的細砂糖，也稱為「sucre blanc」。比日本的細砂糖粒子更細小，更鬆散。家庭中也常見，能用於所有的糕點製作。

sucre cristallisé
法國版的結晶糖。比日本的細砂糖粒子更大，會撒在砂布列或法式水果軟糖（pâte de fruit 用明膠凝固果膠製成）上。

sucre glace
粉狀砂糖。用於糖霜（Icing）或裝飾等。sucre en poudre 意思是「粉狀的砂糖」，與糖粉經常被弄錯。

sucre non raffiné
未精製糖、粗糖。

sucre complet
原義是「100% 未精製的糖」，黑糖（dark brown sugar）。

sucre brun
原義是「褐色的砂糖」，紅糖（brown sugar）。

sucre roux
原義是「褐色的砂糖」，紅糖（brown sugar）。
roux 是比 brun 更紅的茶色。

sucre blond
原義是「金色的砂糖」，淺色的紅糖（light brown sugar）。

sucre de canne
由甘蔗提煉的砂糖總稱。

cassonade
日本也熟悉的「cassonade」，經常用在烤布蕾（Crème brûlée → P96）表面，使其焦糖化（caraméliser）的砂糖。法國糕點中，除了白砂糖是最常被使用的砂糖，意外地在法國有很多人並不知道，cassonade 是由甘蔗提煉的精製糖，因此略呈茶色。白砂糖加上焦糖色後，就與日本的「三溫糖」相同。

sucre roux 和 sucre blond，有時候會與使用甘蔗作為原料的「cassonade」作同義詞使用。就像 sucre de canne blond non raffiné（甘蔗提煉未精製的淺紅糖），沒有加上 non raffiné，即使帶有顏色的砂糖，也有可能是精製糖。

vergeoise
甜菜（砂糖蘿蔔 / beet）製成的粗糖

在北法盛行栽植的甜菜提煉製成的砂糖，在日本也以「vergeoise」的名稱廣為人知。有砂糖的香氣及濃郁，又具潤澤性，因此廣泛地被運用。像是糖塔（Tarte au sucre → P166）、夾入二片薄鬆餅間的奶油餡、比利時脆餅（spéculoos）的麵團等。有 light vergeoise blonde 和 dark vergeoise brune 之分。

左起 sucre semoule、cassonade、vergeoise brune

Régions

達圖瓦派

Dartois

別名 / Gâteau à la Manon

內餡種類豐富的長方形餡餅

◇ 種類：酥皮　◇ 享用時機：下午茶、零食
◇ 地區：北部-加來海峽　◇ 構成：折疊派皮＋果醬＋蘋果

Dartois的名字，有一種說法是為了向十八～十九世紀的劇作家阿曼德·阿圖瓦(Armand d'Artois)致敬而命名，這款甜點的起源來自舊亞多亞(Artois)，巧合的是阿曼德·阿圖瓦的出生地也是舊亞多亞，同時作曲家朱爾·馬斯奈(Jules Émile Frédéric Massenet)也很喜歡這款甜點，所以取他1884年首次在巴黎公開演出的代表作『Manon曼儂』之名，將這款糕點稱為Gâteau à la Manon。最早的形狀，是二指寬五～六指長的平行四邊形，可以二、三口就吃完的小型餡餅。

現在的達圖瓦派，是用兩片折疊派皮麵團(→ P224)夾入甜或鹹味內餡。甜餡可以作為餐後甜點或下午茶，鹹餡則可作為前菜享用。

甜餡大多使用蘋果或杏仁奶油餡，或卡士達杏仁奶油餡(crème frangipane → P228)，但傳統的達圖瓦派中間包夾的是紅醋栗gelée（僅用果汁熬煮的果醬）或杏仁奶油餡。本書中，略做了一點搭配上的改變，使用的是和紅醋栗果醬混拌的新鮮蘋果作為內餡。

諾曼第糕點店的達圖瓦派。左邊是洋梨和杏仁奶油餡，右邊是蘋果和杏仁奶油餡

達圖瓦派（22×10cm 的長方形　1 個）

材料

折疊派皮麵團
- 基本揉合麵團（détrempe）
  - 無鹽奶油……30g
  - 高筋麵粉……75g
  - 低筋麵粉……75g
  - 鹽……4g
  - 冷水……80ml
- 無鹽奶油（回復室溫）……130g

蘋果……1/2 個
檸檬汁……1 大匙
紅醋栗果醬……100g

製作方法

1. 製作折疊派皮麵團（→ P224），使用 1/2 用量。
2. 用擀麵棍將 1 擀壓成 3mm 厚，22cm×10cm 的長方形 2 片，用叉子刺出孔洞，置於冷藏室。
3. 蘋果削皮去芯，切成 5mm 厚的扇形，全體表面澆淋檸檬汁。
4. 在缽盆中放入果醬，用橡皮刮刀混拌至滑順。加入 3 使其沾裹。
5. 將步驟 2 當中的一片折疊派皮麵團放在舖有烘焙紙的烤盤上，在中央放上 4 並推展，在邊緣 1cm 處用毛刷刷塗水分（材料表外）。
6. 用刀子在步驟 2 的另一片麵團表面，以 1cm 寬幅地劃入切紋。覆蓋在 5 上，輕輕按壓四邊使其貼合，並且用叉子按壓邊緣。
7. 以 220°C預熱的烤箱烘烤約 40 分鐘。

* 為使表面呈現光澤，刷塗蛋液後再烘烤也可以。
* 其餘 1/2 份量的折疊派皮麵團，置於冷凍庫可以保存 1 個月。
* 若沒有紅醋栗果醬時，也可以使用覆盆子果醬。

布里歐

Brioche

使用了大量雞蛋和奶油，口感豐潤的麵包

◇ 種類：發酵糕點　◇ 享用時機：早餐、下午茶、零食、開胃小點
◇ 地區：諾曼第　◇ 構成：麵粉＋奶油＋雞蛋＋砂糖

布里歐，pâte à brioche（布里歐麵團）被運用在許多法式糕點上。發酵糕點的巴巴露亞(→ P40)、薩瓦蘭(→ P42)、地方傳統糕點的庫克洛夫(→ P152)或凱密客麵包(→ P164)，雖然是巴巴或薩瓦蘭等專用麵團，但其中許多就是布里歐的同類。法國的麵包，以粉、水、鹽和酵母來製作，因此大量添加奶油和雞蛋的布里歐，可以說是「添加了酵母的甜點」。

布里歐因為使用了大量奶油，所以奶油的質地就左右了美味的程度。事實上，布里歐的發源，來自以奶油產地聞名的諾曼第。想在此補充一下的是「brioche」這個名字，bri 是諾曼語(諾曼第的語言)「壓碎＝用木製擀麵棍揉和」的意思，oche 是由諾曼語的 hocheer「攪拌」而來的語尾。

現在，布里歐已經廣布全法國，包含在法國南部的國王餅(Galette des rois → P62)和特羅佩塔(Tropézienne → P220)，大約存在三十種以上「各地的傳統布里歐」。

Régions

布里歐(直徑 18～20cm　1 個)

材料

溫水(30～40℃)……2 大匙
乾燥酵母……5g
無鹽奶油……70g
高筋麵粉……270g
砂糖……50g
雞蛋……3 個
鹽……1/2 小匙

製作方法

1. 乾燥酵母放入溫水中略混拌，靜置 5 分鐘。
2. 在小型耐熱容器內放入奶油，用微波爐(600W 左右)加熱 1 分多鐘，使其融化。
3. 在缽盆中放入 250g 高筋麵粉、砂糖和 1，用手輕輕混拌均勻。
4. 在步驟 3 中一次加入 1 個雞蛋，每次加入後都用手揉和至粉類消失為止。
5. 將鹽加入 4，用木匙混拌 5 分鐘。
6. 將步驟 2 分 2～3 次加入 5，每次加入後都充分混拌。混拌至某個程度後，改以揉和 5 分鐘。
7. 將其餘的高筋麵粉加入 6，揉和 5 分鐘。
8. 在 7 覆蓋上保鮮膜，放在 30～40℃的溫暖場所(或使用發酵箱)靜置發酵 1 小時。
9. 待 8 膨脹至 2～3 倍後，用拳頭按壓麵團排出氣體。將麵團整形成圓頂狀，放置在舖有烘焙紙的烤盤上。
10. 用 180℃預熱的烤箱烘烤 25～30 分鐘。

＊ 使用含鹽奶油時，可以將鹽改為 1/4 小匙。
＊ 步驟 5，用木匙前端貼在麵團底部，重覆進行拉扯動作攪拌揉和。
＊ 因為是略有高度的圓頂狀，所以可以將麵團整成圓形後，再放置於烘焙紙上。

布爾德羅蘋果酥

Bourdelot

別名／Douillon

包覆整顆蘋果或洋梨的餡餅

◇ 種類：酥皮　◇ 享用時機：餐後甜點
◇ 地區：諾曼第　◇ 構成：派皮麵團＋奶油＋砂糖＋蘋果＋核桃＋蜂蜜

諾曼第以蘋果產地著稱，從蘋果、蘋果氣泡酒（cidre）到蘋果白蘭地（calvados）都是特產，也被運用在糕點製作，將整顆蘋果包在酥皮麵團中烘烤，非常活潑的甜點就是布爾德羅蘋果酥。也可以用洋梨取代蘋果，這個時候就會稱為 Douillon。鄰近的北法，則稱為 Rabotte 或 Riboche（用派皮麵團或布里歐麵團包覆）。

Bourdelot 從十九世紀開始就為人所熟知，但用麵團包覆蘋果或洋梨烘烤的簡單烹調法，被認為應該在更早以前就存在了。過去在諾曼第，各農場都備有烤箱，在烘烤麵包前後，據說會利用烤窯的餘溫來烘烤 Bourdelot 布爾德羅蘋果酥。諾曼第同時也是洋梨的產地，從洋梨到洋梨氣泡酒（poiré）都有，因此用洋梨取代蘋果來製作，也沒有任何違和感。

本書中，介紹的是填入了蜂蜜和切碎核桃的食譜配方。在上諾曼第（Haute-Normandie 諾曼第的東側）的食譜中，蘋果要先行烘烤，中央填放溶於蘋果白蘭地的果醬，再用麵團包覆後烘烤，這樣的作法也有其美味之處。

布爾德羅蘋果酥（3個）

材料

折疊派皮麵團
- 基本揉合麵團（détrempe）
  - 無鹽奶油……30g
  - 高筋麵粉……75g
  - 低筋麵粉……75g
  - 鹽……4g
  - 冷水……80ml
- 無鹽奶油（回復室溫）……130g

核桃……9個
蜂蜜……3大匙
蘋果……3個（1個大約250g）
細砂糖……20g
無鹽奶油……20g

雞蛋……適量

製作方法

1. 製作折疊派皮麵團（→P224），用保鮮膜包好放入冷藏室。
2. 核桃切碎，與蜂蜜混拌。
3. 蘋果削去果皮，完全除去果核，全體撒上細砂糖。
4. 將1分成3等份，各別做成20×20cm的正方形和2片葉片。用叉子在正方形麵團全體表面刺出孔洞，葉片用刀子劃出葉脈。
5. 在4的正方形中央擺放1個步驟3的蘋果，在蘋果芯處放入1/3份量的2，再擺放切成小塊1/3用量的奶油，確實包覆。其餘的蘋果也同樣包好。
6. 在舖有烘焙紙的烤盤上擺放5，表面刷塗蛋液，裝飾上葉片，置於冷藏室15分鐘。
7. 在6的表面再次刷塗蛋液，以220℃預熱的烤箱烘烤30～40分鐘。

盧昂蜜盧頓杏仁塔

Mirlitons de Rouen

添加了鮮奶油的杏仁奶油派

◇ 種類：塔　◇ 享用時機：餐後甜點、下午茶、零食
◇ 地區：諾曼第　◇ 構成：塔皮麵團＋杏仁奶油餡＋鮮奶油

Régions

甜點名稱冠上地名的並不少見。盧昂，在2016年之前是上諾曼第的主要都市，即使是合併後，也仍是諾曼第的主要城市。提到盧昂，就會令人聯想到莫內作品中的盧昂大教堂。在十五世紀經歷了百年戰爭，並以聖女貞德（Jeanne d'Arc）被處以火刑的所在地而聞名。

Mirlitons de Rouen（盧昂的蜜盧頓杏仁塔），直接來說就是「填入含有鮮奶油的杏仁奶油餡的小餡餅」。麵團使用折疊派皮麵團或酥脆塔皮麵團。文獻上出現這道食譜是在十九世紀之後，1834年的拉布朗（Leblanc → P235）在其著作中，就引用了有別於蜜盧頓杏仁塔的食譜，但當時並沒有冠上「盧昂的」。在數年之後，根據皮耶・拉康（Pierre Lacam → P235）的說法，蜜盧頓杏仁塔不僅是在盧昂，而是在諾曼第全境都可以看到的甜點。在巴黎，會在配方中多加奶油、添加杏桃果醬等進行調整。但拉康說，相較於使用盧昂所產優質鮮奶油的蜜盧頓杏仁塔，可以斷言巴黎的絕對不會那麼美味。

手寫「Mirlitons de Rouen」的盧昂糕點店

盧昂蜜盧頓杏仁塔（直徑7cm的瑪芬模　10個）

材料

酥脆塔皮麵團
- 無鹽奶油……70g
- 低筋麵粉……150g
- 鹽……1/2小匙
- 砂糖……1大匙
- 油……1/2大匙
- 冷水……1～3大匙

內餡
- 無鹽奶油……50g
- 砂糖……70g
- 雞蛋……1個
- 杏仁粉……50g
- 鮮奶油……100ml

糖粉……適量

製作方法

1. 製作酥脆塔皮麵團（→ P225）。
2. 用擀麵棍將1擀壓成4mm厚，直徑8cm的花型壓模按壓切出麵團。用叉子在全體表面刺出孔洞，鋪放至模型中，置於冷藏室15分鐘。
3. 製作內餡。在缽盆放入奶油，用攪拌器攪打混拌至奶油變軟。
4. 少量逐次地將砂糖加入3，攪拌至顏色發白呈膨鬆狀。
5. 在4中依序放入雞蛋、杏仁粉、鮮奶油，每次加入後都混拌均勻。
6. 將5填入2中，以200℃預熱的烤箱烘烤20～25分鐘。
7. 散熱後脫模，放至完全冷卻後篩上糖粉。

＊ 一般的盧昂蜜盧頓杏仁塔，是用菊型模壓切麵團。
＊ 步驟5最後也可以放入1～2大匙的橙花水。
＊ 步驟6，填放內餡前，也可依個人喜好在麵團底部先放入1小匙的果醬。

諾曼地米布丁

Teurgoule

低溫慢烤的米布丁

◇ 種類：穀物點心　◇ 享用時機：餐後甜點
◇ 地區：諾曼第　◇ 構成：砂糖＋牛奶＋米

Teurgoule，可以想成是「諾曼第的米布丁(Riz au lait → P104)」吧。用米、牛奶、砂糖和肉桂，以烤箱低溫(130～150℃)長時間(5～6小時)烘烤。烘烤完成時，表面會形成焦糖色的薄膜，焦糖薄膜下就出現了煮成濃稠，帶著焦糖香氣的米糊。肉桂可以適度地提味，獨特的風味讓人驚訝。過去是利用烘烤完麵包爐火的餘溫來烘烤。

諾曼第並不產米，所以或許有人會覺得十分不可思議，但這個甜點的誕生緣由大致如下。從路易十五開始，任命方斯華－尚・歐克・德・豐泰特(François-Jean Orceau de Fontette)統治下諾曼第(諾曼第西側)的都市卡昂(Caen)。他為了解救在歐日區 Pays d'Auge (諾曼第區名)飢餓的民眾，從港口城市翁弗勒爾(Honfleur)輸入米和香料至諾曼第。當時在諾曼第，米是幾乎沒有人知道的穀物，當然也不清楚該如何食用。諾曼第的人們想到用最貼近自己的食材－牛奶來烹煮，之後逐漸轉變成作為甜點享用。

製作這款甜點的特徵是容器，單面有嘴、寬口、如水桶般的陶器，大型的約可放入6～7公升的牛奶。過去在諾曼第，會用這個容器盛裝現擠的牛奶，並稍加放置，之後表面會浮出鮮奶油，再將鮮奶油撈出，留下的牛奶加入米和砂糖，再製作成 Teurgoule 諾曼地米布丁。這個容器就稱為「terrine 陶壺」，所以據說 Teurgoule 諾曼地米布丁也可以稱為 Terrinée 陶壺米布丁。

Regions

諾曼地米布丁（方便製作的用量 4人份）

材料

米……70g
牛奶……500ml
砂糖……50g
鹽……1小撮
肉桂粉……1/4小匙

製作方法

1 輕輕洗淨白米，用濾網瀝乾。
2 在鍋中放入牛奶，以中火加熱，至沸騰前加入1、砂糖、鹽、肉桂粉，用橡皮刮刀輕輕混拌。
3 加熱至2略沸騰後，倒入耐熱容器內。
4 以130°C預熱的烤箱烘烤4～5小時。

布列塔尼蛋糕

Gâteau breton

介於蛋糕和餅乾間的口感

◇ 種類：蛋糕　◇ 享用時機：餐後甜點、下午茶、零食
◇ 地區：布列塔尼　◇ 構成：麵粉＋奶油＋蛋黃＋砂糖

Gâteau Breton（布列塔尼蛋糕）使用布列塔尼的含鹽奶油、蛋黃、砂糖、麵粉製作出可以久放的甜點，同樣以含鹽奶油製作的布列塔尼糕點，還有 Palet breton、Galette bretonne，無論哪種都是小型的餅乾尺寸。Palet breton 較厚、Galette bretonne 是薄的（普通餅乾的厚度），這是在外觀上的區隔。

Gâteau Breton 布列塔尼蛋糕的發源，是在十九世紀後半的莫爾比昂省（Morbihan 布列塔尼南側）的洛里昂（Lorient）城填。從瑞士來的糕點師庫西（Crucer）和出身於路易港（Port-Louis 洛里昂岬）的女孩結婚，之後他（也有一說是他的兒子）參加巴黎國際博覽會時，自創了 Gâteau lorientais（洛里昂蛋糕），參加蛋糕類的比賽並得到冠軍。這個蛋糕就是現在的布列塔尼蛋糕。回到當地後，Gâteau lorientais 洛里昂蛋糕掀起搶購熱潮，因為可以保存多日，在乘船或作為船上存糧都非常受到歡迎。為了更加提升保存性，也會添加歐白芷（Angelica → P231）或佛手柑（Bergamot）一起製作。只是不知道從什麼時候開始，這款糕點就被稱為「Gâteau Breton 布列塔尼蛋糕」，並沒有清楚的時間紀載。

左邊是 Galette bretonne、
右邊是 Palet breton

布列塔尼蛋糕（直徑 18cm 的圓形模　1 個）

材料

含鹽奶油（回復室溫）…… 125g
砂糖 …… 100g
蛋黃（回復室溫）…… 3 個
低筋麵粉 …… 180g

蛋黃 …… 適量

製作方法

1. 在模型中薄薄地刷塗奶油（材料表外）。
2. 在缽盆中放入奶油，用攪拌器混拌至變軟。
3. 在 2 中少量逐次地加入砂糖，混拌至膨鬆顏色發白。
4. 蛋黃加入 3 一次 1 個，每次加入後都充分混拌。
5. 過篩低筋麵粉並加入 4，用橡皮刮刀以切拌的方式混拌至粉類完全消失為止。
6. 將 5 整合成團，用保鮮膜包覆後靜置於冷藏室 2 小時。
7. 以擀麵棍將 6 擀壓成直徑略小於 18cm 的圓形。
8. 在 7 的表面刷塗攪散的蛋黃液，在室溫中靜置 30 分鐘。
9. 再次用蛋黃液刷塗 8 的表面，用叉子劃出圖紋。放入 1 的模型中。
10. 以 180℃預熱的烤箱，烘烤 20 分鐘，降溫至 150℃，再烘烤 30 分鐘。

＊ 原本的製作方法，是在粉類中放入小塊奶油、砂糖、雞蛋，用手混拌，但在此為保持手部清潔，依序地加入。

奶油烘餅

Kouign-amann

布列塔尼的說法是「奶油蛋糕」的意思

◇ 種類：發酵點心　◇ 享用時機：餐後甜點、下午茶、零食
◇ 地區：布列塔尼　◇ 構成：麵粉＋奶油＋砂糖

甜鹹滋味，令人懷念的 Kouign-amann 奶油烘餅，在 1860 年時發源於布列塔尼最西邊的菲尼斯泰爾(Finistère)省，杜瓦訥內(Douarnenez)。巴黎有烘烤成小型的 Viennois 維也納(Pâtisserie 糕點)，但在布列塔尼反而常看到大型的烘餅。

Kouign-amann 奶油烘餅的起源有諸多說法，最具說服力的有二種。據說在當地經營麵包坊的伊夫－荷內・斯可迪雅(Yves-René Scordia)，某天在店內繁忙時，必須即時地立刻製作出商品。因為有麵包的麵團、奶油和砂糖，所以採用了麵包製作的手法，將奶油和砂糖折入麵包麵團中，烘烤出來的就是 Kouign-amann。另一個說法，也是同樣一位麵包師，製作出失敗的麵團，當時正值麵粉不足時代，要丟棄又覺得可惜，所以用大量奶油和砂糖折入麵團中來挽救。話雖如此，1870 年普法戰爭才開戰，所以 1860 年麵粉不足有點牽強。是經典的法國糕點，但也有從北歐傳入的說法。

奶油烘餅(直徑 18cm 的 Manque 圓模　1 個)

材料

基本揉合麵團(détrempe)
- 高筋麵粉……200g
- 鹽……1/4 小匙
- 水……130～140ml
- 乾燥酵母……4g

含鹽奶油(回復室溫)……150g
細砂糖……150g

製作方法

1. 模型內用奶油(材料表外)薄薄刷塗。
2. 製作基本揉合麵團。將高筋麵粉和鹽過篩至缽盆中，中央作出凹陷。
3. 將水和乾燥酵母放入 2 的凹陷處，邊用手混拌使酵母溶於水中，邊將材料整合成團，包覆保鮮膜放入冷藏室靜置 1 小時。
4. 在另外的缽盆中放入奶油，用攪拌器攪打至變軟為止。
5. 在 4 中加入細砂糖，用橡皮刮刀輕輕混拌。在保鮮膜上將奶油整型成 10～15cm 的正方形，用保鮮膜包好放入冷藏室。
6. 用擀麵棍將 3 擀壓成足以包覆 5 的大正方形。
7. 在 6 的中央放上 5，將 6 的四邊朝中央折入，確實包覆。
8. 採用折疊派皮麵團(→ P224)的要領，將 7 擀壓成縱向長方形，再進行 3 折疊。將麵團轉 90 度，再次擀壓成縱向長方形，再次進行 3 折疊。包覆保鮮膜，放回冷藏室靜置 30 分鐘。
9. 將 8 擀壓成縱向長方形，再一次進行 3 折疊。將麵團轉 90 度，再次擀壓成縱向長方形，再一次進行 3 折疊。
10. 將 9 放入 1 中，覆蓋上保鮮膜，放在 30～40℃的溫暖場所(或使用發酵箱)靜置發酵 1 小時。
11. 以 180℃預熱的烤箱烘烤約 1 小時。

＊也可以用直徑 18cm 的圓形模烘烤。

布列塔尼烤布丁

Far breton

具有彈力的口感就像布丁般的風味

◇ 種類：蛋糕　◇ 享用時機：餐後甜點、下午茶、零食
◇ 地區：布列塔尼　◇ 構成：麵粉＋奶油＋雞蛋＋砂糖＋牛奶＋乾燥洋李

在布列塔尼，有兩種東西稱為「Far」。一個是本書中食譜所述作為甜點的「Far」；另一個是搭配 Kig ha farz，又稱為「pot-au-feu 布列塔尼風的燉肉鍋」享用的「farz」。後者的「farz」有以蕎麥粉做出鹹味、和用麵粉作出甜味二種，無論哪種都是用來搭配布列塔尼燉肉鍋。製作方法也很有意思，混合的材料一起放入布袋中，與蔬菜、肉類一起大鍋煮。

「Far」是從意指「小麥」的拉丁語 far 而來，最初是用在以小麥或蕎麥等穀物製作成像粥般的食物，最初或許只使用水和鹽也說不定，但最後變成以砂糖和牛奶來製作，接著又加入了雞蛋和奶油。現在的 Far Breton 布列塔尼烤布丁，則是添加乾燥洋李等烘烤，但原本是什麼都沒有加的，在小麥無法栽種，只能種植蕎麥作為主食的地方，因此原味的布列塔尼烤布丁使用的也是蕎麥粉。

幾乎可說 Far Breton 布列塔尼烤布丁一定會添加乾燥洋李，但大家心中一定會浮現這樣的疑問，布列塔尼並不是乾燥洋李的產地啊？在十七～十八世紀，因為乾燥洋李的營養價值高又耐久存，是船上不可或缺的存糧。特別是富含維生素 C，因此可以預防大航海時代很多船員致死的壞血病（缺乏維生素 C 所導致的疾病），布列塔尼有很多是船員，因此，從當時起乾燥洋李就是不可或缺的食品了。

布列塔尼也有添加葡萄乾和蘋果的 Far Breton

布列塔尼烤布丁（直徑 18cm 的圓形模　1 個）

材料

乾燥洋李（無籽柔軟型）……150g
無鹽奶油 ……15g
雞蛋 ……3 個
砂糖 ……80g
牛奶 ……400ml
低筋麵粉 ……100g

製作方法

1. 在模型中薄薄地刷塗奶油（材料表外），將乾燥洋李排放在底部。
2. 在小的耐熱容器內放入奶油，用微波爐（600W 左右）加熱約 20 秒，使其融化。
3. 缽盆中放入雞蛋，加入砂糖，用攪拌器充分混拌。
4. 在 3 加入 50ml 的牛奶和散熱後的 2，混拌。
5. 過篩低筋麵粉並加入 4，混拌至粉類完全消失為止。
6. 將其餘的牛奶少量逐次地加入 5，混拌至材料全體呈滑順狀。
7. 將 6 倒入 1，以 180℃預熱的烤箱，烘烤 40 ～ 50 分鐘。

布列塔尼蕎麥蛋糕

Kastell du

別名 / Gâteau breton au sarrasin

添加了蕎麥粉的質樸奶油蛋糕

◇ 種類：蛋糕　◇ 享用時機：餐後甜點、下午茶、零食
◇ 地區：布列塔尼　◇ 構成：麵粉＋奶油＋雞蛋＋砂糖

布列塔尼與蕎麥粉有不可分的關連，即使用蕎麥粉製作烘餅，卻意外地沒有看到使用蕎麥粉製作的甜點。但我在二十年前在巴黎購買的法國糕點書中，找到了這個配方。Kastell du 是蕎麥粉用得比麵粉多的奶油蛋糕，過去好像使用酵母讓蛋糕膨脹，這裡則是以簡單的泡打粉配方。若是有糖煮水果（→ P135），一起搭配也能更美味地享用吧。

法語中的「蕎麥」是 sarrasin，又稱 blé noir，在布列塔尼使用「blé noir」更常見。相對於白色的小麥，由顏色將其命名為「黑麥」的吧，但實際上蕎麥並不屬於穀類。蕎麥是十二世紀十字軍東征時，由中東帶回法國的，栽植在土壤貧瘠無法種植小麥的布列塔尼。到了十五世紀之後，至今仍受人愛戴的法國王妃，安妮布列塔尼（Anne de Bretagne），鼓勵種植蕎麥，才使得布列塔尼成為蕎麥的一大產地。這種情況持續到十九世紀，二十世紀時產量略減，近年來又有長成的趨勢，接下來可以期待使用蕎麥製作出的新式甜點吧。

封面設計成身著布列塔尼民族服飾女性的蕎麥粉包裝

布列塔尼蕎麥蛋糕（直徑 18cm 的 Manque 圓模　1 個）

材料

- 蕎麥粉……80g
- 低筋麵粉……40g
- 泡打粉……2 小匙
- 含鹽奶油（回復室溫）……120g
- 砂糖……60g
- 雞蛋……2 個

製作方法

1. 在模型中薄薄地刷塗奶油（材料表外）。
2. 混合粉類（蕎麥粉～泡打粉），用叉子充分混合。
3. 在缽盆中放入奶油，用攪拌器攪拌至變軟為止。
4. 少量逐次地將砂糖加入 3 當中，用攪拌器攪打至膨鬆顏色發白為止。
5. 雞蛋分開蛋黃和蛋白，蛋黃加入 4 中，充分混拌。蛋白放入另外的缽盆中。
6. 用攪拌器攪打 5 的蛋白，打發至呈尖角直立。
7. 取 6 的 1/3 份量蛋白霜放入 5，用攪拌器確實混拌。邊過篩 2 的粉類邊加入缽盆中，用橡皮刮刀混拌至粉類完全消失為止。
8. 將其餘的 6 分二次加入 7，每次加入後都避免破壞氣泡地粗略混拌。
9. 將 8 倒入 1，以 180°C預熱的烤箱，烘烤 40 ～ 50 分鐘。

＊ 用直徑 18cm 的圓形模烘烤也可以。

奶油餅乾

Petit-beurre

法國最經典也最簡單的餅乾

◇ 種類：烘烤糕點　◇ 享用時機：早餐、下午茶、零食
◇ 地區：羅亞爾河地區　◇ 構成：麵粉＋奶油＋砂糖

Petit-beurre 意思是「小的奶油」，雖然簡單，但卻紮實地飄散奶油香氣的餅乾。若是到法國的超市，就可以看見販售著各廠商推出的 Petit-beurre。想出製作奶油餅乾的，是稱為 LU 的餅乾老店。也可以說 LU 是奶油餅乾的始祖店。

LU 是在 1846 年，由尚－羅曼・魯非爾（Jean-Romain Lefèvre）和寶琳－伊莎貝・魯提（Pauline-Isabelle Utile）在法國西部城市南特一起創業。LU 的 L 和 U，就是取兩位創始人的姓氏字母 Lefèvre 和 Utile 組合而來。二人的兒子（Louis Lefevre-Utile）的時代，開始大興工廠，擴大事業。在 1886 年路易創作出 Petit-beurre 奶油餅乾，同時在二年後進行了商標登記。但在這之前，已經在同業間廣為模仿。但 LU 的奶油餅乾，從最初的形狀就有不可撼動的構思。Petit-beurre 奶油餅乾的四角代表一年有四季，四周共有 48 個小鋸齒，加上 4 個角，共有 52 個，表示一年有 52 個星期。而餅乾上有 24 個小孔，代表一天 24 小時，也就是想要呈現 Petit-beurre 奶油餅乾是一整年無論什麼時候都能開心享用的意思。手工製作時，要做出 LU 這樣的形狀有些困難，但建議儘可能將麵團擀成薄片狀，可以更確實呈現出漂亮的烘烤色澤。

LU 的奶油餅乾

奶油餅乾（7×5cm 的餅乾模　10 片）

材料

低筋麵粉……100g
泡打粉……1 小撮
含鹽奶油（回復室溫）……50g
糖粉……20g
鮮奶油……1 大匙

製作方法

1. 混合低筋麵粉和泡打粉，用叉子充分混合。
2. 在缽盆中放入奶油，用攪拌器攪拌至變軟為止。
3. 在 2 中加入糖粉，用攪拌器攪打至膨鬆、顏色發白。
4. 在 3 中加入鮮奶油，混拌。
5. 邊過篩 1 的粉類邊加入 4，用橡皮刮刀以切開般地混拌至粉類完全消失為止。
6. 將 5 整合成團，用保鮮膜包覆後放入冷藏室靜置 15 分鐘。
7. 用擀麵棍將 6 擀壓成 2 ～ 3mm 的厚度，用餅乾模按壓出形狀，用叉子刺出孔洞。
8. 將 7 排放在舖有烘焙紙的烤盤上，再次放入冷藏室靜置 15 分鐘。
9. 以 180℃預熱的烤箱，烘烤 20 分鐘。

安茹白起司蛋糕

Crémet d'Anjou

口感鬆軟的純白色糕點

◇ 種類：冰涼糕點　◇ 享用時機：餐後甜點
◇ 地區：羅亞爾河地區
◇ 構成：蛋白＋砂糖＋鮮奶油＋優格

有 Crémet d'Anjou 安茹和 Crémet d'Angers 昂傑，Anjou 安茹是舊地名，現在的都市名稱是 Angers 昂傑。歷史上前者較為古老，出生於 Angers 昂傑的美食評論家肯農斯基(Curnonsky → P234)，在 1921 年的著作中曾評論為是「神賜之美味」。無論哪一種都是利用白起司、打發鮮奶油和蛋白霜來製作。本書中，介紹的是用優格和鮮奶油取代白起司的配方。

安茹白起司蛋糕(直徑 7 cm 的圓盤形 6 個)

材料

原味優格(無糖)……400g　鮮奶油……200ml
蛋白……2 個　砂糖……20g

製作方法

1. 除去優格的乳清部分，放入缽盆中，用攪拌器混拌攪打至呈滑順狀態。
2. 將鮮奶油加入 1 輕柔混合。
3. 將濾網架在方型深盤上，在濾網中墊放 3～4 張廚房紙巾倒入 2。上方用保鮮膜包覆後，放入冷藏室至少 2 小時。
4. 將瀝去水分的 3 放入缽盆中，用攪拌器混拌至呈滑順狀為止。
5. 在另外的缽盆中放入蛋白，用攪拌器打發至顏色發白。加入砂糖，再打發至尖角直立。
6. 將 5 分三次加入 4。第一次加入時，用攪拌器確實混拌，其餘二次，則用橡皮刮刀避免破壞氣泡地粗略混拌。
7. 將 6 分成 6 等份，各別放在乾淨的紗布上，呈圓盤狀地用綿線縛緊。
8. 再次放置於濾網上，置於冷藏室 1 小時。
9. 除去 8 的紗布，盛盤。

Centre-Val de Loire

佩多儂炸泡芙

Pets de nonne

別名/ Soupirs de nonne（修女的歎息）

一口大小的油炸點心

◇ 種類：油炸糕點
◇ 享用時機：餐後甜點、點心、節慶糕點
◇ 地區：中央區及其他
◇ 構成：奶油＋雞蛋＋砂糖＋馬鈴薯

以「修女的屁」為名的油炸糕點。nonne 在古語中，也有戲謔的意思，但大部分會被譯作「修女」。在各種起源與秘辛中，據說有一位修女不小心放屁，覺得很難為情，慌亂中把泡芙麵團掉落到熱油中，這是最為人所知的說法。本來 Pets de nonne 就被認為是「油炸的泡芙」，本書中介紹較為少見，用馬鈴薯取代麵粉製作泡芙麵團的配方。

佩多儂炸泡芙（方便製作的用量 4 人份）

材料

馬鈴薯（帶皮）⋯⋯200g
砂糖⋯⋯30g
鹽⋯⋯1 小撮
無鹽奶油⋯⋯50g
牛奶⋯⋯2 大匙
雞蛋⋯⋯2 個
橙花水⋯⋯1 小匙
油⋯⋯適量
糖粉⋯⋯適量

製作方法

1. 馬鈴薯去皮，切成 1～2cm 厚，浸泡在水中。
2. 在鍋中煮沸熱水，用中火燙煮 1，約 15 分鐘。待變軟後，瀝乾水分，放回熱的鍋中。邊使水分揮發邊搗碎，移至缽盆。
3. 在 2 中依序加入砂糖、鹽、牛奶，每次加入後都用木杓充分混拌。
4. 將 3 放入鍋中，以中火加熱，邊用木杓混拌邊使水分揮發，離火，移至缽盆。
5. 趁熱將雞蛋每次 1 個地加入 4，加入橙花水，每次加入後都充分混拌。放入裝有直徑 1cm 圓形花嘴的擠花袋內。
6. 將 5 擠成圓形放入 170℃的熱油，油炸至呈金黃色。
7. 食用前再篩上糖粉。

＊以蘭姆酒取代橙花水也可以。

皇冠杏仁派

Pithiviers

填入杏仁奶油餡，口感豐富的派餅

◇ 種類：酥皮　◇ 享用時機：餐後甜點、下午茶
◇ 地區：中央區　◇ 構成：折疊派皮麵團＋杏仁奶油餡

冠以「Pithiviers」之名的甜點，是折疊派皮麵團中夾入杏仁奶油餡，或是添加大量杏仁粉的奶油蛋糕上，澆淋翻糖的糖霜杏仁派（Pithiviers fondant）這二種。

皮蒂維耶（Pithiviers）是中央區盧瓦雷省（Loiret）的城鎮名稱，這個城鎮從高盧－羅馬（Gallo-Roman）時代就存在，皮蒂維耶（Pithiviers）的名字，在這裡的古語是「四條馬路交會點」的意思。從此時代起，皮蒂維耶（Pithiviers）就已經盛行貿易。用歐洲著名穀倉地帶博斯（Beauce）平原的優質麵粉，搭配羅馬商人帶來的杏仁製作糕點，據說就被認為是糖霜杏仁派（Pithiviers fondant）的起源。

使用折疊派皮麵團是在十八世紀，糖霜杏仁派（Pithiviers fondant）的蛋糕部分變成了杏仁奶油餡，並且用折疊派皮麵團包覆，就出現了 Pithiviers 皇冠杏仁派。它與國王餅（Galette des rois → P62）構成材料幾乎相同，但不同之處在於杏仁奶油餡沒有添加卡士達奶油，也沒有放入 fève 人偶或蠶豆（→ P63），而且是整年都有販售的糕點。

Régions

皇冠杏仁派（直徑 22cm 的花形　1 個）

材料

折疊派皮麵團
- 基本揉合麵團（détrempe）
  - 無鹽奶油 …… 30g
  - 高筋麵粉 …… 75g
  - 低筋麵粉 …… 75g
  - 鹽 …… 4g
  - 冷水 …… 80ml
- 無鹽奶油（回復室溫）…… 130g

杏仁奶油餡
- 無鹽奶油（回復室溫）…… 75g
- 砂糖 …… 60g
- 雞蛋（回復室溫）…… 1 個
- 杏仁粉 …… 75g
- 玉米粉 …… 1 大匙
- 蘭姆酒 …… 1 大匙

雞蛋 …… 適量

製作方法

1. 製作折疊派皮麵團（→ P224），用保鮮膜包覆後放入冷藏室。
2. 製作杏仁奶油餡。在缽盆中放入奶油，用攪拌器攪拌至變軟為止。
3. 在 2 中少量逐次加入砂糖，用攪拌器攪打至膨鬆顏色發白為止。
4. 在 3 中加入雞蛋，充分混拌。
5. 依序在 4 中加入杏仁粉、玉米粉、蘭姆酒，每次加入後都充分混拌。
6. 在裝有圓形花嘴的擠花袋中填入 5。
7. 將 1 分成 2 等份，分別用擀麵棍擀壓成 23cm 的正方形，用叉子在麵團全體刺出孔洞。
8. 在 7 的一片麵團上，擺放直徑 18cm 的圓形模，輕輕按壓出記號。將 6 在形狀的範圍內擠成渦旋狀。
9. 將 7 的另一片麵團覆蓋在 8 上輕輕按壓，在麵團周圍切出花形，表面刷塗蛋液，放入冷藏室靜置 30 分鐘。
10. 在 9 的表面再次刷塗蛋液，用刀子劃出圖紋，用竹籤在中央刺出透氣孔。
11. 放在舖有烘焙紙的烤盤上，以 220°C 預熱的烤箱，烘烤 40 ～ 50 分鐘。

香料蛋糕

Pain d'épices

擁有古老歷史的蜂蜜香料蛋糕

◇ 種類：蛋糕　◇ 享用時機：餐後甜點、下午茶、零食、開胃小點
◇ 地區：勃艮第　◇ 構成：粉類＋奶油＋雞蛋＋牛奶＋蜂蜜＋糖漬橙皮＋香料

Pain d'épices 是法語「香料麵包」的意思。據說傳遞路線是從中國，橫越歐亞大陸傳入歐洲。十世紀左右，中國將麵粉中加入蜂蜜的食品稱為 Mi-king。極為滋養的這款糕點，首先是從蒙古軍隊傳至中東的阿拉伯國家，而西歐的基督教徒為從伊斯蘭教徒手中搶回聖地，而發動十字軍東征，藉十字軍的移動，在十二～十三世紀從阿拉伯傳至歐洲，進而推展到荷蘭、北利時、德國、匈牙利等歐洲各國，據說主要由修道院製作。

傳至法國時，相較於勃艮第，首先傳入的是靠近歐洲諸國的阿爾薩斯、蘭斯（→ P161）。傳入勃艮第的主要都市第戎，據說是在 1369 年，法蘭德斯（→ P148）的瑪格麗特公主嫁給勃艮第公國的菲利普之時。在第戎，有自 1796 年開始經營的老店，販售將大型成品分切或是磅蛋糕形狀、包子大的筒狀等，各種形狀和口感的香料蛋糕（→ P150）。

Pain d'épices 香料蛋糕不可或缺的材料是粉類、蜂蜜、香料。在法國要能稱作「Pain d'épices」，必須要符合含有 50% 蜂蜜的條件。第戎的 Pain d'épices 香料蛋糕，使用的是清爽且沒有特殊氣味的槐花蜜。關於粉類，傳統是以麵粉製作，但現在用小麥或裸麥，又或是兩者混合的作法時有所聞。本書中，使用的是麵粉和裸麥粉，能嚐出更深刻口感的食譜。

香料蛋糕（17.5×8×6 cm 的磅蛋糕模　1 個）

材料

低筋麵粉……60g
裸麥粉（碾磨成細粉）……60g
泡打粉……1 小匙
多香果粉……1 小匙
無鹽奶油……40g
蜂蜜……150g
雞蛋……1 個
牛奶……80ml
糖漬橙皮（5mm 塊狀）……100g

製作方法

1. 將烘焙紙舖放在模型內。
2. 混合粉類（低筋麵粉～多香果粉），用叉子充分混合。
3. 在耐熱缽盆中放入奶油，微波爐（600W）加熱約 40 秒，使其融化。
4. 散熱後，依序將蜂蜜、雞蛋、牛奶、糖漬橙皮加入 3，每次加入後都用攪拌器充分混拌。
5. 過篩 2 加入 4，表面用保鮮膜包覆後，靜置冷藏一夜。
6. 放進以 180℃預熱的烤箱，烘烤 40 ～ 60 分鐘。

* 切成 1cm 厚的片狀，塗抹上無鹽奶油就能美味享用了。

乾燥洋李帕夏煎餅

Pachade aux pruneaux

添加乾燥洋李的
煎捲餅糕點

◇ 種類：平底鍋糕點
◇ 享用時機：餐後甜點、下午茶、零食、節慶糕點
◇ 地區：奧弗涅
◇ 構成：麵粉＋奶油＋雞蛋＋砂糖＋牛奶＋乾燥洋李

像可麗餅與蛋包混血兒般的帕夏煎餅，是 1875 年以後，傳入多山脈的奧弗涅（Auvergne）。原本是混拌粉類、鹽，若有雞蛋也可加入，在加熱了動物油脂的平底鍋中烘煎完成。一般是作為早餐或勞力工作後的輕食點心，在嘉年華（→ P146）時期，會添加砂糖或果醬食用。現在則是像可麗餅般，有甜味和鹹味，甜味除了乾燥洋李之外，還會使用蘋果或藍莓等。

乾燥洋李帕夏煎餅（4 片）

材料

乾燥洋李（無籽柔軟型）……12 個
蘭姆酒……1 大匙
雞蛋……4 個
砂糖……50g
低筋麵粉……50g
牛奶……200ml
奶油……40g
糖粉……適量

製作方法

1. 將乾燥洋李切成 4 等份，撒上蘭姆酒，靜置約 30 分鐘。
2. 在缽盆中放入雞蛋，用攪拌器充分攪散。
3. 在 2 中加入砂糖，在缽盆底部墊放熱水，邊隔水加熱邊打發至顏色發白，蛋糊會濃稠落下的狀態。
4. 過篩粉類至 3，加入牛奶，混拌至粉類完全消失為止。
5. 平底鍋放入 1/4 份量的奶油，以中火加熱。
6. 待奶油融化後，用湯杓取 1/4 的 4 倒入鍋中，撒上 1/4 份量的 1。
7. 使麵糊向內集中烘煎成小小的圓形，將兩面烘煎成金黃色澤。
8. 重覆製作方法的 5 ～ 7。
9. 享用前篩上糖粉。

＊ 步驟 3 蛋和糖不隔水加熱打發，僅混拌也可。

阿爾代什甜栗蛋糕

Ardéchois

加入甜栗醬烘烤的蛋糕

◇ 種類：蛋糕
◇ 享用時機：餐後甜點、下午茶、零食
◇ 地區：隆河-阿爾卑斯
◇ 構成：麵粉＋奶油＋雞蛋＋砂糖＋栗子泥

Ardéchois 是「隆河－阿爾卑斯區，阿爾代什（省）的」意思。是使用大量栗子泥 crème de marrons（和砂糖一起熬煮製成膏狀）口感柔和的蛋糕。阿爾代什是糖漬栗子（marron glacé）著名的產地。位於省府所在的普里瓦（Privas），創業於 1882 年的 Clément Faugier 是糖果製造公司，1885 年使用糖漬栗子（marron glacé）製作過程中碎裂的瑕疵品，開發出製作 Ardéchois 阿爾代什甜栗蛋糕時不可或缺的栗子泥。

阿爾代什甜栗蛋糕
（直徑 18 cm 的菊形模　1 個）

材料

低筋麵粉……80g
泡打粉……1 大匙
無鹽奶油……80g
雞蛋……2 個
砂糖……40g
鹽……1 小撮
栗子泥（加糖）……200g
蘭姆酒……1 大匙

製作方法

1 在模型中薄薄地刷塗奶油（材料表外）。
2 混合低筋麵粉和泡打粉，用叉子充分混合。
3 在小的耐熱容器中放入奶油，微波爐（600W）加熱 1 分鐘左右，使其融化。
4 在缽盆中放入雞蛋，加入砂糖和鹽，以攪拌器充分混拌。
5 在 4 中依序加入散熱後的 3，栗子泥、蘭姆酒，每次加入後充分混拌。
6 過篩 2 加入 5 中，用橡皮刮刀以切開般地混拌至粉類完全消失為止。
7 將 6 倒入 1，以 150°C預熱的烤箱，烘烤 40 ～ 45 分鐘。

＊也能用直徑 18cm 的圓形模來烘烤。

布烈薩努烘餅

Galette bressane

別名 / Tarte bressane

搭配濃郁鮮奶油的發酵甜點

◇ 種類：發酵糕點　◇ 享用時機：早餐、下午茶、零食
◇ 地區：隆河-阿爾卑斯　◇ 構成：麵粉＋奶油＋蛋黃＋砂糖

法語是「布雷斯烘餅」的意思。以布里歐麵團為底座，表面以濃郁鮮奶油撒上砂糖烘烤出的布雷斯地方傳統糕點。布雷斯是里昂(Lyon)北部，包括安(Ann)省的省府所在地，布雷斯區布爾格(Bourg-en-Bresse)更是AOP(原產地命名保護)認證的「布雷斯雞」，是法國首屈一指的產地。或許大家不太知道，此地鮮奶油和奶油的品質也十分優異，得到AOP的認證。

過去這附近的農村裡，主婦會利用烤完麵包時烤窯的餘溫來烘烤糕點。利用剩餘的麵包麵團，加上雞蛋、奶油揉和製作成布里歐麵團，來自農場的各種食材，像是南瓜、堅果等，都可以搭配加入。

用於現在的Galette bressane布烈薩努烘餅，只有鮮奶油和砂糖。法國的鮮奶油大致可以分為二種(→ P230)，布烈薩努烘餅用的是濃稠的類型，當然使用布雷斯產的AOP鮮奶油最適合，但即使在法國也很難買到。在日本製作時，可以用馬斯卡邦起司(Mascarpone)或其他類似的，也可用凝脂奶油(clotted cream)代替。

Régions

布烈薩努烘餅(直徑22cm　1個)

材料

布里歐
- 溫水(30～40°C)……1大匙
- 乾燥酵母……3g
- 無鹽奶油……40g
- 高筋麵粉……180g
- 砂糖……35g
- 雞蛋……2個
- 鹽……略多於1/3小匙

內餡
- 鮮奶油(crème fraîche)……100g
- 細砂糖……50g

製作方法

1. 製作布里歐。將乾燥酵母放入溫水中輕輕混拌，靜置5分鐘。
2. 在小的耐熱容器中放入奶油，以微波爐(600W)加熱約40秒，使其融化。
3. 在缽盆中放入170g高筋麵粉、砂糖、1，用手輕輕混拌。
4. 將雞蛋每次1個地加入3，每次加入後都用手輕輕混拌至完全吸收。
5. 在4中加入鹽，用木杓攪拌5分鐘。
6. 將2分二～三次加入5，每次加入後都充分混拌。混拌至某個程度後，揉和5分鐘。
7. 將其餘的高筋麵粉加入6，揉和5分鐘。
8. 將7覆蓋保鮮膜，放在30～40°C下(或使用發酵箱)靜置發酵1小時。
9. 待8膨脹至2～3倍後，用拳頭按壓麵團排出氣體。
10. 以擀麵棍將9擀壓成直徑22cm的圓形，放置在舖有烘焙紙的烤盤上。保留邊緣內側約1.5cm，其餘用湯匙按壓做出凹陷，用叉子在凹陷處刺出孔洞。
11. 在10凹陷處填入鮮奶油推展開，撒上細砂糖，以190°C預熱的烤箱，烘烤20分鐘。

＊沒有鮮奶油(crème fraîche)時，可使用馬斯卡邦起司。
＊使用含鹽奶油時，可以將鹽調整成1/4小匙。
＊步驟5用木杓抵著盆底，重覆進行拉扯動作揉和麵團。

法式炸麵團

Bugnes

用粉類和雞蛋製作的簡單油炸點心

◇ 種類：油炸糕點　◇ 享用時機：餐後甜點、點心、節慶糕點
◇ 地區：隆河-阿爾卑斯　◇ 構成：麵粉＋雞蛋＋砂糖

Bugnes 是以美食著稱的里昂(Lyon)為中心，聖斯德望(Saint-Étienne)和隆河溪谷附近食用的油炸點心。Bugnes 是「油炸點心」的 Bunyi ／ Bugni 所衍生而來的單字。Bugnes 炸麵團在古羅馬時代就已存在，這裡是在十四世紀後，嘉年華(→ P64)時期，不可或缺的必備點心。過去只用麵粉、水、啤酒酵母、玫瑰水就能製作，但之後又添加了雞蛋和油脂。

Bugnes 是薄脆口感的成品，也有膨脹起來像甜甜圈的形式，無論哪一種，共通的特色就是都是長方形或菱形。本書中，介紹的是不使用傳統酵母發酵的製作方法，僅混合材料靜置後薄薄油炸的類型。因麵團柔軟不容易推展，但儘可能推得薄一些才能炸出更美味的成品。

在可麗餅(→ P102)的部分也有提到，在進入基督教斷食前的嘉年華時期，吃的就是 Bugnes 和可麗餅，以及格子鬆餅(→ P162)。過去幾乎都是用相同的麵團來製作，用油炸的是 Bugnes、在烤盤上烘煎的是可麗餅和格子鬆餅。無論哪一種都不需要用到烤箱，因此也是節慶時戶外攤位就能提供的甜點。法國中央至南部地方，在嘉年華時期有食用法式炸麵團的習慣，至今仍是如此。Bugnes 之外，也有被稱為 Oreillette 或 Merveilles 的油炸點心。

法式炸麵團（18 個）

材料

雞蛋 …… 1 個
砂糖 …… 30g
鹽 …… 1 小撮
油 …… 1 大匙
橙花水 …… 1 小匙
低筋麵粉 …… 100g ＋適量

油 …… 適量
糖粉 …… 適量

製作方法

1. 在缽盆中放入雞蛋，加入砂糖和鹽，用攪拌器充分混拌。
2. 在 1 中加入油和橙花水，混拌。
3. 邊過篩 100g 的低筋麵粉邊加入 2 中，混拌至粉類完全消失。若麵團太軟時，可以加入低筋麵粉揉和至可以用擀麵棍擀壓的硬度。
4. 用保鮮膜包覆 3，放入冷藏室靜置 2 小時。
5. 用擀麵棍將 4 擀壓成 3mm 厚，切成 18 個 7×2.5cm 的長方形。
6. 用 170°C的熱油將 5 炸成漂亮的金黃色。
7. 在食用前篩上糖粉。

＊ 取代橙花水改用蘭姆酒也可以。

聖傑尼布里歐

Brioche de Saint-Genix

別名 / Brioche aux pralines roses

加入粉紅色杏仁的布里歐

◇ 種類：發酵糕點　◇ 享用時機：早餐、下午茶、零食、開胃小點
◇ 地區：隆河-阿爾卑斯　◇ 構成：麵粉＋奶油＋雞蛋＋砂糖＋杏仁

搭配 Pralines Roses（粉紅糖霜杏仁）的布里歐，在隆河－阿爾卑斯到處可見。這種布里歐，發源於舊薩伏依（現在隆河 - 阿爾卑斯），由祭祀三世紀在西西里殉道的聖女阿加莎（Sant'Agata）的習俗而來。1700 年西西里為薩伏伊公國，聖阿加莎因拒絕羅馬執政官的求婚，而被問罪、拷打，甚至被切掉乳房，隔天乳房卻再生的聖女傳說。在薩伏依，因此出現模仿乳房的糖霜杏仁裝飾。在 1880 年（有一說是 1860 年），薩伏依的糕點師皮耶・拉布利（Pierre Labully）將糖杏仁（Praline）混入麵團中製成聖傑尼布里歐，此店家的所在地聖吉耶爾河畔－吉耶（Saint Genix sur Guiers），現今仍作為招牌商品販售（現在的店名是 Gâteaux Labully）。

糖杏仁（Praline）的歷史很悠久，弗朗索瓦・馬西亞洛特（François Massialot → P234）記錄描述著各種顏色糖杏仁的製法

隆河－阿爾卑斯的主要都市，里昂的糕點店櫥窗

聖傑尼布里歐（直徑 18 ～ 20cm　1 個）	
材料	**製作方法**
布里歐 溫水（30 ～ 40°C）……2 大匙 乾燥酵母……5g 無鹽奶油……70g 高筋麵粉……270g 砂糖……50g 雞蛋……3 個 鹽……1/2 小匙 粉紅色糖杏仁……125g	1　依照布里歐的製作方法 1 ～ 8 進行（→ P171）。 2　用磨缽粗略地搗碎糖杏仁。 3　待 1 膨脹成 2 ～ 3 倍後，用拳頭按壓麵團排出氣體。加入 2，充分混拌揉和。 4　將 3 整形成圓頂狀，放置在舖有烘焙紙的烤盤上。 5　用 180°C 預熱的烤箱烘烤 25 ～ 30 分鐘。

粉紅色的糖杏仁（約 125g）
材料 細砂糖……100g 水……2 大匙 食用紅色素……適量 整顆杏仁（烘烤過）……50g
製作方法 1　在小鍋中放入細砂糖和水，用中火加熱，待出現氣泡後，加入以微量水（材料表外）融化了的食用紅色素。 2　當 1 達到 120°C（滴落至水中會凝結成糖飴般的凝固狀態）時，加入杏仁，熄火。用木杓混拌全體。 3　再次以小火加熱 2，邊混拌邊使杏仁表面形成糖結晶。

馬郁蘭蛋糕

Marjolaine

別名 / Gâteau marjolaine

三種奶油餡與堅果風味的多層蛋糕

◇ 種類：蛋糕　◇ 享用時機：餐後甜點、下午茶
◇ 隆河-阿爾卑斯　◇ 構成：達克瓦茲麵團＋甘那許＋香緹鮮奶油＋帕林內奶油餡

馬郁蘭蛋糕，源自隆河－阿爾卑斯，維埃納省（Vienne）的星級餐廳「La Pyramide」。餐廳主廚費爾南德・波因特（Fernand Point）在1950年代所創作的甜點。包含美食城市里昂的隆河-阿爾卑斯人才輩出，有保羅・博庫斯（Paul Bocuse→P235）、阿朗・夏波（Alain Chapel）、托阿戈洛（Troisgros）兄弟等偉大的廚師，波因特的地位相當於這些知名主廚的老師。

馬郁蘭蛋糕混合了堅果粉和蛋白霜的輕盈達克瓦茲麵團（→P228），搭配打發鮮奶油、帕林內奶油餡、甘那許（→P229）三種基底的奶餡。在以奶餡為主流的時代中，使用鮮奶油是為了追求輕盈的口感吧。波因特的時代，由餐廳 La Pyramide 推出馬郁蘭蛋糕，一時之間成了維埃納省的地標，以古羅馬時代遺蹟的金字塔（細長金字塔紀念碑）的形狀作為店名，則用糖粉來裝飾。本書中雖然使用的是帕林內奶油餡，但這個部分可以視個人的喜好變化。

馬郁蘭蛋糕（20×7cm 的長方形　1 個）

材料

達克瓦茲麵糊
- 杏仁粉……100g
- 榛果粉……50g
- 糖粉……100g
- 低筋麵粉……10g
- 蛋白……3 個

甘那許
- 苦甜巧克力……50g
- 鮮奶油……50ml

香緹鮮奶油
- 鮮奶油……150ml
- 砂糖……1 大匙

帕林內……20～25g

製作方法

1. 製作麵團。混合杏仁粉、榛果粉、80g 糖粉、低筋麵粉，過篩。
2. 在缽盆中放入蛋白，用攪拌器打發至顏色發白。加入其餘的糖粉，打發至尖角直立。
3. 將 1 加入 2 中，用橡皮刮刀避免破壞氣泡地粗略混拌。
4. 將 3 倒入舖有烘焙紙的烤盤中，用抹刀將麵糊推開成 30×20cm 的長方形。
5. 以 200°C預熱的烤箱，烘烤約 15 分鐘。
6. 烘烤完成後，立即包覆保鮮膜。待散熱後，除去烘焙紙。
7. 製作甘那許。巧克力切成細碎。
8. 在小鍋中放入鮮奶油，以中火加熱。
9. 加熱至即將沸騰時，離火，倒入 7，用橡皮刮刀充分混拌至完全融化。若未完全融化時，連同鍋子隔水加熱。
10. 製作香緹鮮奶油（→P227），將 1/2 用量移至其他的缽盆中（a）。
11. 將 10 缽盆中剩餘 1/3 的香緹鮮奶油，移至較小的容器，加入帕林內用攪拌器充分混拌。
12. 將 11 倒回 10 中，避免破壞氣泡地以橡皮刮刀粗略混拌。
13. 將 6 分切成 20×7cm 的四片長方形達克瓦茲。在其中一片上塗抹 9，覆蓋上另一片。
14. 在 13 上塗抹 a 的香緹鮮奶油，再覆蓋上一片達克瓦茲。
15. 在 14 上塗抹 12，再覆蓋一片達克瓦茲。
16. 將 12 填入裝有單面齒狀花嘴的擠花袋內，擠在 15 的表面。

薩瓦蛋糕

Biscuit de Savoie

別名 / Gâteau de Savoie

口感輕盈的分蛋打發海綿蛋糕

◇ 種類：蛋糕　◇ 享用時機：餐後甜點、下午茶、零食
◇ 地區：隆河-阿爾卑斯　◇ 構成：粉類＋奶油＋雞蛋＋砂糖

首先，關於名字，有 Biscuit de Savoie 和 Gâteau de Savoie 二種，Biscuit de Savoie 是比較時尚的稱呼。這款糕點最大的特徵，是使用有著凹凸高低的模型。現在有用這款模型烘烤，也有使用像庫克洛夫（→ P227）模型來烘烤。

歷史可以回溯至十四世紀，當時治理薩伏依的伯爵阿梅迪奧六世（Amedeo VI），也是非常有名的美食家。某日，在自己居住的香貝里（Chambéry）城，以晚宴招待神聖羅馬帝國皇帝查理四世，當時阿梅迪奧六世命令糕點師製作的就是 Gâteau de Savoie 薩瓦蛋糕。形狀優美，據說除了代表香貝里城，也代表阿爾卑斯群山。優雅如羽毛般輕盈口感的糕點，深得查理四世的喜愛，不僅延長了停留時間，更成為每天都要享用的糕點。

到了十八世紀，出現在梅農（Menon → P235）的料理書中，提到以綠檸檬（或萊姆）或橙花增添香氣，並且用細緻的砂糖、蛋白、檸檬汁製作糖霜。

而取代麵粉使用玉米粉等澱粉製作，則同樣是十八世紀，各別在巴黎不同店家工作的二位糕點師。

薩瓦蛋糕（直徑 13cm、高 9cm 的中空模　1 個）

材料

低筋麵粉……40g
太白粉（或玉米粉）……30g
無鹽奶油……15g
雞蛋……2 個
砂糖……50g

糖粉……適量

製作方法

1. 模型刷上薄薄的奶油，撒上低筋麵粉（皆材料表外）。
2. 混合低筋麵粉和太白粉，用叉子充分混合。
3. 在小的耐熱容器中放入奶油，用微波爐（600W 左右）加熱約 20 秒使其融化。
4. 分開雞蛋的蛋黃和蛋白，各別放入不同的缽盆中。
5. 在 4 的蛋黃中放入半量的砂糖，用攪拌器攪打至顏色發白為止。
6. 將散熱後的 3 加入 5 中，混拌。
7. 將 4 的蛋白以攪拌器打發至顏色發白。加入其餘的砂糖，打發至尖角直立。
8. 將 7 的 1/3 用量加入 6，用攪拌器確實混拌。邊過篩 2 邊加入缽盆中，用橡皮刮刀切開般地混拌至粉類完全消失為止。
9. 將其餘的 7 分二次加入 8，每次加入後都避免破壞氣泡地粗略混拌。
10. 將 9 倒至 1，以 180℃預熱的烤箱，烘烤 30 ～ 35 分鐘。
11. 放涼後脫模，待完全冷卻後篩上糖粉。

焗薩瓦洋梨

Poires à la savoyarde

洋梨和鮮奶油的香甜焗烤

◇ 種類：水果糕點　◇ 享用時機：餐後甜點
◇ 地區：隆河-阿爾卑斯
◇ 構成：奶油＋砂糖＋鮮奶油＋洋梨

savoyarde 是「薩瓦的」的意思，位於標高 4000 公尺高山，阿爾卑斯山麓位置的舊薩瓦地方，有著像卡通『阿爾卑斯少女海蒂』般美麗的風景，這樣應該就比較容易想像吧。起司鍋也是薩瓦的地方料理，薩瓦的洋梨在 1996 年受到 IGP（地理標示保護）的認證，高品質也受到政府保證。洋梨搭配鮮奶油、奶油、砂糖等一起烘烤，就是一道簡單的甜點了。

焗薩瓦洋梨
（方便製作的份量　4 個）

材料

洋梨 ……2 個
水 ……50ml
無鹽奶油 ……30 ～ 40g
砂糖 ……50g
鮮奶油 ……100ml

製作方法

1. 洋梨削皮去芯，切成 8 等份的月牙狀。
2. 排放在耐熱容器中，加水，撒上切成小塊的奶油。
3. 將 30g 的砂糖均勻地撒上在 2 的表面，以 200℃預熱的烤箱，烘烤 30 分鐘。
4. 在小的容器中放入鮮奶油和其餘的砂糖充分混拌。
5. 將 4 澆淋在 3 上，再烘烤 20 ～ 25 分鐘。

＊ 也可用蘋果取代洋梨。

Colonne 9

法國的水果與水果製糕點

法國的水果種類豐富。春、夏有莓果、櫻桃、杏桃、桃子、李子類；秋天是蘋果、洋梨、栗子等，色彩豐富的各種水果，市場上也是一片繽紛。到了冬天就一下子銳減，只有像是日本溫州橘子般的克萊門汀(Clementine)和檸檬之類的而已。但取而代之的是在秋天時乾燥起來的堅果和水果，在這個時候就會活躍登場。

到法國的鄉間去，會發現每個家庭的庭院內都種有果樹或莓果樹。如果每天都能悠閒地摘採當天需要的水果就好了，但實際上並非如此。在沒有現今這樣的冷藏技術或農業技術的時代，只能採收食用當季生產的作物。無法全部新鮮吃完時，就會用在糕點的製作。在法國用餐，菜單上一定有「Dessert 甜點」，對法國人而言，摘採在庭院裡的果實製作糕點，就和採收田裡的蔬菜製作菜餚是一樣的感覺。所以法國人將麵團搭配水果，製作成塔等等，也是受到這樣背景的影響吧。從英國傳入的酥頂 Crumble (→ P139)，就是將水果的美味發揮至最大極限的甜點。像這樣與酥頂混合之外，放入烤箱烘烤、用糖漿熬煮、添加奶蛋液(雞蛋、牛奶、砂糖的混合液)一起烘烤…等等，水果的食譜變化，非常豐富。到法國各個地方，或許都有使用當地收成的水果，製作出我們所不知道的秘密食譜。

即使如此，仍有無法完全吃完的水果時，就會製作成 confiture (果醬) 或糖煮水果(→ P135)。最近也增加了一些減少使用砂糖的食譜，果醬基本上是使用與水果等量的砂糖，利用水果中的水分，能短時間熬煮完成。雖然很甜，但砂糖也同時鎖住現摘水果的香氣和美味。在法國的早餐桌上，果醬絕不可少，餐桌上同時有數種水果和果醬，也是法國才有的風景。甜度比果醬低，會視情況添加水分的糖煮水果，可以直接食用，也可以澆淋在白起司(→ P230)或優格上享用。法國人一整年都能沈浸在享用水果的樂趣中。

從左邊開始甜桃、杏桃、黑醋栗(Cassis)、紅醋栗

新鮮的杏仁(左)和新鮮的榛果(右)

起司蛋糕

Tourteau fromagé
Tourteau fromager

焦黑的起司塔

◇ 種類：起司糕點
◇ 享用時機：餐後甜點、下午茶、零食
◇ 地區：普瓦圖-夏朗德
◇ 構成：塔皮麵團＋雞蛋＋砂糖＋新鮮起司

傳統使用山羊奶製作的新鮮起司，但最近都是用牛奶起司來製作。十九世紀起源於舊普瓦圖地方的甜點，留下了眼前所見的趣聞。某天在烤箱中被遺忘的起司塔，取出時，已經烤得膨脹焦黑了，廚師捨不得丟棄，就分送給附近的鄰居，沒想到異常美味。tourteau 是普瓦圖方言，從意思是「蛋糕」的 touterie 而來。

起司蛋糕（口徑 21cm 的耐熱圓底缽 1 個）

材料

酥脆塔皮麵團（pâte brisée）
- 無鹽奶油 ⋯⋯ 70g
- 低筋麵粉 ⋯⋯ 150g
- 鹽 ⋯⋯ 1/2 小撮
- 砂糖 ⋯⋯ 1 大匙
- 油 ⋯⋯ 1/2 大匙
- 冷水 ⋯⋯ 1 ～ 3 大匙

內餡
- 瑞可達起司（ricotta）⋯⋯ 250g
- 砂糖 ⋯⋯ 60g
- 檸檬皮（磨碎）⋯⋯ 1/2 個
- 雞蛋 ⋯⋯ 3 個

製作方法

1. 製作酥脆塔皮麵團（→ P225）。
2. 用擀麵棍將 1 擀壓成直徑 25cm 的圓形。用叉子在全體表面刺出孔洞，舖放在耐熱圓底的缽中，放入冷藏室。
3. 製作內餡。在盆中放入瑞可達起司，用攪拌器攪拌至起司呈滑順狀態。
4. 在 3 中加入 40g 砂糖、檸檬皮，充分混拌。
5. 雞蛋分開蛋黃和蛋白，將蛋黃加入 4，充分混拌。蛋白放入另外的盆中。
6. 用攪拌器將 5 的蛋白打發至顏色發白為止，加入其餘的砂糖，再打發至尖角直立。
7. 將 1/3 的 6 放入 5，以攪拌器確實混拌。接著將其餘的 6 分成二次加入，每次加入後都避免破壞氣泡地粗略混拌。
8. 將 7 倒至 2，以 250°C 預熱的烤箱，烘烤 30 ～ 35 分鐘，溫度調低至 180°C，再烘烤 10 ～ 20 分鐘。

普瓦圖脆餅

Broyé du Poitou

別名 / Broyé poitevin

「敲碎後」享用的大型奶油餅乾

◇ 種類：烘烤糕點
◇ 享用時機：餐後甜點、下午茶、零食
◇ 地區：普瓦圖-夏朗德
◇ 構成：麵粉＋奶油＋蛋黃＋砂糖＋歐白芷

Broyé 從「敲碎」的 broyer 而來。傳統上是用拳頭敲擊中央位置，敲碎後分食。十九世紀開始，在普瓦圖－夏朗德就已經食用這個脆餅了，有各式各樣的大小，最大的直徑可達 1 公尺，最近在巴黎也可以買到包裝成盒一般的餅乾尺寸。本書中，在配方裡添加了當地名產的歐白芷(→ P231)作為提味，但在當地大部分都是原味。請大家務必購買優質的奶油來試著製作看看。

普瓦圖脆餅（直徑 24cm 的花形　1 個）

材料

歐白芷 ······ 30g
無鹽奶油（回復室溫） ······ 75g
砂糖 ······ 75g
鹽 ······ 1 小撮
蛋黃 ······ 1 個
低筋麵粉 ······ 150g
牛奶 ······ 1 大匙＋ 1 小匙

製作方法

1. 歐白芷切碎。
2. 在缽盆中放入奶油，用攪拌器攪打至變軟為止。
3. 將砂糖少量逐次地加入 2，加入鹽，攪打至膨鬆顏色發白為止。
4. 在 3 加入 1/2 個蛋黃，混拌。
5. 邊過篩低筋麵粉邊加入 4，也加入 1 和 1 大匙牛奶，用橡皮刮刀切開般地混拌至粉類完全消失為止。
6. 將 5 整合成團，用保鮮膜包覆，放入冷藏室靜置 30 分鐘。
7. 用擀麵棍將 6 擀壓成直徑 24cm 的圓形，放在舖有烘焙紙的烤盤上。邊緣捏成花形，用叉子在全體表面刺出孔洞。
8. 其餘蛋黃和 1 小匙牛奶混合，刷塗在 7 的表面，用叉子劃出圖紋。
9. 以 180°C預熱的烤箱，烘烤 30 分鐘。

蘋果酥

Croustade aux pommes

別名 / Tourtière aux pommes, Pastis gascon aux pommes

用數片極薄的薄麵皮層疊製作的點心

◇ 種類：酥皮　　◇ 享用時機：餐後甜點、下午茶
◇ 地區：阿基坦　　◇ 構成：薄麵皮＋奶油＋砂糖＋蘋果＋乾燥洋李

這款蘋果酥是法國西南部常見的糕點，但依地域不同名字也隨之改變。朗德和舊貝亞恩（Béarn），稱為 Tourtière，在凱爾西（Quercy）則稱為 Pastis。特徵是使用薄到可以透視的薄麵皮「Pâte Filo」製作。這種麵皮用於阿拉伯糕點，「Filo」是從希臘語「葉片」而來，從十世紀前開始，因阿拉伯入侵法國，而將這種麵皮傳入法國的西南部。麵皮的製作簡單來說，就是混合粉類、雞蛋、水、油和鹽而成，在舖放布巾並撒上手粉的桌面上，集二人之力少量逐次地拉開延展麵團成薄片。因為薄麵皮很快就會變乾，所以必須迅速地刷塗奶油，切出使用的模型大小，舖放在模型內。蘋果酥的內餡，使用的是蘋果或當地特產的乾燥洋李等，以同樣是特產的雅馬邑（Armagnac 白蘭地的一種）添香，也是特徵之一。在本書中，簡單地用春捲皮來代替，雖然比 Pâte Filo 薄麵皮略厚，但只要想到就能製作非常方便。

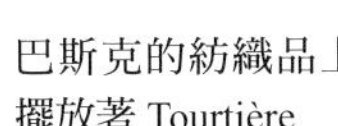
巴斯克的紡織品上擺放著 Tourtière

蘋果酥（直徑 18cm 的 Manque 圓模　1 個）

材料

乾燥洋李（無籽 / 柔軟型）……80g
雅馬邑（Armagnac）白蘭地……2 大匙
無鹽奶油……70g
蘋果……1 個
春捲皮……10 片
細砂糖……40g

製作方法

1. 乾燥洋李切成 4 等份，澆淋上雅馬邑白蘭地，靜置約 30 分鐘。
2. 在小的耐熱容器中放入奶油，用微波爐（600W 左右）加熱約 1 分鐘使其融化。
3. 蘋果削皮去芯，切成 2 ～ 3mm 厚的扇形。
4. 在二片春卷皮的單面刷塗 2，刷塗奶油面朝上，中央一半面積重疊地擺放在模型中間。
5. 在 4 上擺放 1/4 的 3，撒上 10g 的細砂糖，再撒上 1/4 的 1。
6. 在 5 的上面重覆 4、5 的步驟三次。
7. 其餘的二片餅皮單面刷塗 2，刷塗奶油面朝上，使其產生皺褶各半面地覆蓋 6。溢出外側的餅皮則收入中央，整合形狀。
8. 以 180°C預熱的烤箱，烘烤 50 ～ 60 分鐘。

＊本來不是使用春捲皮，用的是 Pâte Filo。
＊雅馬邑白蘭地也可以用蘭姆酒或威士忌來取代。

巴斯克櫻桃果醬蛋糕

Gâteau basque aux cerises

加入了黑櫻桃果醬的正統糕點

◇ 種類：蛋糕　◇ 享用時機：餐後甜點、下午茶、零食
◇ 地區：阿基坦　◇ 構成：麵粉＋奶油＋雞蛋＋砂糖＋果醬

巴斯克蛋糕，源自於法國巴斯克的甜點。本來是以豬脂取代奶油，用玉米粉取代小麥，沒有內餡的糕點。到了十七世紀中期，開始填入了採收的水果烘烤。現在的巴斯克蛋糕原型，是進入十九世紀之後，在巴斯克內陸的 Cambo-les-Bains 康博萊班（舊稱 Cambo），以溫泉而聞名的城鎮，在當地經營糕點店的女性瑪莉安娜・依利格安（Marianne Hirigoyen）。她製作出名為「Gâteau de Cambo」的蛋糕，之後就成為巴斯克蛋糕（Gâteau basque）。她的食譜由孫女繼承，至今到了康博萊班，還是能夠吃到以她配方製作的巴斯克蛋糕。

根據 1994 年巴斯克蛋糕典藏與保存報告內容所述，巴斯克蛋糕的內餡，有伊特薩蘇（Itxassou）村的黑櫻桃果醬，或香草風味的卡士達奶油餡二種。當然前者歷史悠久，但現在以卡士達奶油餡為主流。表面劃出「lauburu」巴斯克十字架圖紋的蛋糕，也是在此地才能看到的特色。

分切販售卡士達奶油餡的巴斯克蛋糕

Régions

巴斯克櫻桃果醬蛋糕（直徑 18cm 的 Manque 圓模 1 個）

材料

- 無鹽奶油（回復室溫）……125g
- 砂糖……100g
- 鹽……2 小撮
- 雞蛋（回復室溫）……2 個
- 杏仁粉……50g
- 蘭姆酒……1 大匙
- 低筋麵粉……150g

- 黑櫻桃果醬……150g
- 雞蛋……適量

製作方法

1. 在模型中薄薄地刷塗奶油（材料表外）。
2. 在缽盆中放入奶油，用攪拌器攪拌至變軟為止。
3. 少量逐次地將砂糖加入 2 當中，用攪拌器攪打至膨鬆顏色發白為止。
4. 依序將鹽、雞蛋每次 1 個地加入 3，每次加入後都充分混拌。
5. 依序在 4 中加入杏仁粉、蘭姆酒，每次加入後都充分混拌。
6. 邊過篩低筋麵粉邊加入 5，用橡皮刮刀切開般混拌至粉類完全消失為止。
7. 將 6 放進裝有圓形花嘴的擠花袋內，均勻地在底部擠成渦旋狀，再沿著 1 的側面擠一圈增加高度。
8. 在 7 凹陷處填入滑順狀態的果醬攤平，再將其餘的麵糊擠成渦旋狀覆蓋在全體表面。
9. 在 8 的表面刷塗攪散的蛋液，用刀子劃出圖紋。
10. 以 180°C預熱的烤箱，烘烤 40 ～ 50 分鐘。

＊ 黑櫻桃果醬也可以用莓果類的果醬代替。

玉米糕

Millas

在法國少有的玉米蛋糕

◇ 種類：穀物糕點
◇ 享用時機：餐後甜點、下午茶、零食
◇ 地區：南部-庇里牛斯
◇ 構成：粉類＋奶油＋雞蛋＋砂糖＋牛奶

玉米是在十六世紀大航海時代才從南美傳入西班牙，而後帶入法國的。Millas，從法國西南部到中南部都可以看得到，特徵是依地區不同，名稱和配方也各異。這個名稱，源自對粟、黍等雜糧穀物總稱的 Millet 而來。在玉米傳入前，就有將雜糧煮成像粥般的食物。在佩里戈爾，也有使用玉米粉和南瓜醬一起烹調的配方。

玉米糕（24×19.5cm 的方型淺盤 1 個）

材料

玉米粉（磨成極細）……80g
低筋麵粉……20g
砂糖……60g
鹽……1 小撮
泡打粉……1/2 小匙
牛奶……350ml
無鹽奶油……10g
雞蛋……1 個
檸檬皮（磨細）……1/2 個
雅馬邑（Armagnac）……2 大匙

製作方法

1 在模型中薄薄地刷塗奶油（材料表外）。
2 混合從玉米粉到泡打粉的材料，用叉子充分混合。
3 將 2 過篩至缽盆中，少量逐次地加入 150ml 的牛奶，用攪拌器混拌。
4 在鍋中放入其餘的牛奶、奶油，以中火加熱。沸騰後離火。
5 將 4 少量逐次地加入 3 中，混拌。
6 待 5 冷卻後，加入雞蛋、檸檬皮、雅馬邑白蘭地，混拌。
7 將 6 倒入 1，放入以 180℃預熱的烤箱，烘烤 30 ～ 45 分鐘。

＊雅馬邑白蘭地也可以用蘭姆酒或威士忌來替代。

杏仁蛋白脆餅

Croquants

爽脆的口感中嚐得到堅果的香氣

◇ 種類：烘烤糕點
◇ 享用時機：下午茶、零食、開胃小點
◇ 地區：南部-庇里牛斯
◇ 構成：麵粉＋蛋白＋砂糖＋堅果

發源自法國南部塔恩省(Tarn)的科爾德敘謝勒(Cordes-sur-Ciel)，因此也稱為 Croquant de Cordes。根據口耳相傳，十七世紀在科爾德(Cordes)有很多杏仁樹，對於該如何利用傷透了腦筋。而在當地經營 Auberge（飯店、餐廳)的女性，結合同省的蓋亞克(Gaillac)葡萄酒所想出來的就是這款糕點。爽脆的口感是最大的特徵，之後根據食用時的口感命名為「Croquant 杏仁蛋白脆餅」。

杏仁蛋白脆餅(直徑 6cm 15 個)

材料

整顆杏仁(烘烤過)……30g
整顆榛果(烘烤過)……30g
蛋白……1 個
細砂糖……80g
低筋麵粉……50g

製作方法

1 堅果類切成粗粒。
2 在缽盆中放入蛋白，加入細砂糖，用攪拌器充分混拌。
3 將 1 加入 2，過篩低筋麵粉至缽盆中，用橡皮刮刀切開般混拌至粉類完全消失為止。
4 用湯匙將 3 舀在鋪有烘焙紙的烤盤上，形成直徑 6cm 的圓形。
5 以 220°C預熱的烤箱，烘烤 10～15 分鐘。散熱後可取出，剝除烘焙紙。

卡里頌杏仁餅

Calissons

杏仁和糖漬水果的一口糕點

◇ 種類：糖果　◇ 享用時機：下午茶、零食、節慶糕點
◇ 地區：普羅旺斯-阿爾卑斯-蔚藍海岸　◇ 構成：砂糖＋杏仁＋糖漬水果

Calissons 是普羅旺斯－艾克斯（Aix-en-Provence 後面簡稱「艾克斯」）的名產，也被稱為 Calissons d'Aix。這個地方是普羅旺斯伯爵領地的首都，也以畫家保羅・塞尚（Paul Cézanne）的出生地而聞名。Calissons 卡里頌杏仁餅是用杏仁和切碎的普羅旺斯特產 fruit confit（糖漬水果），加入水果糖漿搗碎製成的膏狀物。使用的糖漬水果，是哈蜜瓜，還有柳橙（也有時用檸檬）。此糕點的原型在古代希臘羅馬時代就已經存在，據說是從義大利傳入法國。

Calissons 的歷史有諸多傳說，下面是二個比較有力的說法。一是十五世紀時統治當地的勒內一世（René Ⅰ）（好王勒內），再娶的珍妮・德・瓦盧瓦（Jeanne de Valois），為了討這位不太愛笑的公主歡心，命令宮廷糖果師製作的。這款糕點的美味程度，被喻為是“Di calin soun”＝「如擁抱」般，說的是勒內一世和珍妮公主的傳說，但想到從前面普羅旺斯語而來的「Calisson」，感覺上與其他地方嫁來的公主很難聯想在一起。另一個說法是 1629 年，艾克斯受到鼠疫襲擊，而艾克斯的主教為了保護信徒，舉行了守護神的聖餐儀式（給予聖體麵包和葡萄酒的儀式）。這個時候將 Calisson 放入 Calice（聖杯），用以取代麵包。從 Calice 的普羅旺斯語 Calissoum，衍生而成「Calisson」。

卡里頌杏仁餅（5cm×2.5cm 的葉片形　約 35 個）

材料

糖漬橙皮……50g
杏桃果醬……30g
砂糖……100g
杏仁粉……100g

糖霜
- 糖粉……50g
- 蛋白……1 小匙左右

製作方法

1. 將糖漬橙皮和果醬放入食物調理機，攪打成膏狀。
2. 在小鍋中放入砂糖，用中火加熱至變成透明狀的糖漿。
3. 將 2 離火，加入杏仁粉和 1，用木杓充分混拌。
4. 用擀麵棍將 3 擀壓成 6mm 的厚度，用餅乾模按壓出葉片形狀。
5. 製作糖霜。蛋白少量逐次地加入糖粉中，用湯匙充分混拌使其成為霜狀，用少量蛋白是為添加糖粉的濕潤感，注意不要過度添加。若添加過量時，再補糖粉。
6. 將 5 薄薄塗抹在 4 的表面，排放在舖有烘焙紙的烤盤上。
7. 以 150°C預熱的烤箱，烘烤 5 ～ 10 分鐘。

＊ 杏仁粉可以改用去皮的整顆杏仁，在步驟 1 一起放入食物調理機攪打即可。

梭子餅

Navettes

南法港都馬賽的樸質餅乾

◇ 種類：烘烤糕點　◇ 享用時機：下午茶、零食、節慶糕點
◇ 地區：普羅旺斯-阿爾卑斯-蔚藍海岸　◇ 構成：麵粉＋奶油＋砂糖

南法隨處可見，飄散著橙花水香氣，葉片形狀的餅乾。Navette 是小船的意思，雖說是小船，但有狹長的、寬幅的，餅乾的形狀、口感各式各樣，但說到南法最古老的港都馬賽是鼻祖，則當之無愧。

在十三世紀時，據說曾有載著瑪利亞木雕像的小船漂流到馬賽，馬賽的人們出於敬意，安置在聖維克多修道院（Abbey of Saint Victor）。口耳相傳至今，距今 2000 年前，小船載著聖母瑪利亞漂流至此的傳說，到後來變成製作小船形狀的糕餅。近在咫尺的修道院，在 1782 年（創業於 1781 年）開始持續製作 Navette 梭子餅，這就是馬賽最早的麵包坊 Four des navettes。聖主瑪利亞行潔淨禮日的 2 月 2 日（→ P63），聖維克多修道院（Abbey of Saint Victor）會將瑪利亞木雕像運至旁邊的大廣場，由大主教進行彌撒儀式，而且大主教會捧起烤好的梭子餅朝烤窯的方向祈福。信眾們會購買綠色的蠟燭和充滿謝意的梭子餅，作為守護地仔細保存一整年，一年後再點燃蠟燭食用餅乾，竟然烘烤的梭子餅可以保存一整年。

馬賽的糕點店販售著餅乾尺寸的梭子餅

梭子餅（10～11cm×3cm 的葉片形　15 個）

材料

砂糖……60g
水……2 大匙
無鹽奶油（回復室溫）……80g
低筋麵粉……150g
鹽……1 小撮
橙花水……1/2 大匙

製作方法

1 在小鍋中放入砂糖、水，用中火加熱，沸騰後轉為小火熬煮 5 分鐘。
2 在缽盆中放入奶油，用攪拌器攪拌至變軟為止。
3 將低筋麵粉和鹽過篩至 2，用橡皮刮刀切開般混拌至粉類完全消失為止。
4 少量逐次地將冷卻的 1 加入 3，加入橙花水，混拌至全體材料呈滑順狀態。
5 將 4 分成 15 等份，邊撒上低筋麵粉（材料表外）邊整形成棒狀，捏住兩端就成了葉片形狀，中央用刀劃出切紋。
6 將 5 排放在舖有烘焙紙的烤盤上，以 180°C 預熱的烤箱，烘烤 15～20 分鐘。

＊沒有橙花水時，可用 1/2 個檸檬皮或柳橙皮磨細加入。

特羅佩塔

Tropézienne

別名/ Tarte tropézinne

夾入奶油餡的布里歐

◇ 種類：發酵糕點　◇ 享用時機：餐後甜點、下午茶、零食
◇ 地區：普羅旺斯-阿爾卑斯-蔚藍海岸　◇ 構成：布里歐＋卡士達奶油餡＋香緹鮮奶油＋糖粒

地中海沿岸的港都聖特羅佩(Saint-Tropez)，有著許多富豪別墅的渡假聖地。將甜點名稱冠以當地地名的，是曾代表法國，有小惡魔暱稱的女星碧姬・芭杜(Brigitte Bardot)。回想在1955年，波蘭人亞歷山大・米卡(Alexandre Micka)在聖特羅佩開設了麵包坊兼糕點店。當時，重新調配祖母留下的食譜，製作出名為「Tarte à la crème（添加了奶油餡的塔）」的糕點，以布里歐夾入奶油餡作為商品販售。同一年，因拍攝羅傑・瓦迪姆(Roger Vadim)導演『上帝創造女人 Et Dieu... créa la femme』電影而造訪當地的碧姬・芭杜，非常喜歡這個糕點，碧姬・芭杜向米卡提出「命名為 Tarte tropézinne 如何？」而後這款由碧姬・芭杜命名的甜點，飛躍式地大賣，之後進行商標登錄為“Le tarte tropézinne”。Le tarte tropézinne 本店製作的是撒上糖粒的布里歐，夾入以卡士達為基底的奶油餡。當然製作方法就是商業機密了。

現在，以巴黎為首，在法國各地的糕點店都看得到(當然名稱不同)，已成為法國經典糕點。

Régions

特羅佩塔（直徑 20～22cm　1個）

材料

布里歐
- 溫水(30～40℃)……2 大匙
- 乾燥酵母……5g
- 無鹽奶油……70g
- 高筋麵粉……270g
- 砂糖……50g　雞蛋……3 個
- 鹽……1/2 小匙

雞蛋……適量

糖粒……適量

卡士達奶油餡
- 蛋黃……2 個　砂糖……55g
- 低筋麵粉……10g
- 玉米粉……15g
- 牛奶……300ml
- 香草莢……1/3 根

香緹鮮奶油
- 鮮奶油……100ml
- 砂糖……1 大匙

製作方法

1. 依照布里歐的製作方法 1～8 進行(→P171)。
2. 待 1 膨脹成 2～3 倍後，用拳頭按壓麵團排出氣體，將麵團整形成圓盤狀，放置在舖有烘焙紙的烤盤上。
3. 在 2 的表面刷塗打散的蛋液，撒上糖粒。
4. 用 180℃預熱的烤箱烘烤 25～30 分鐘。
5. 製作卡士達奶油餡(→P226)，直接包覆保鮮膜放入冷藏室。
6. 製作香緹鮮奶油(→P227)。
7. 在別的缽盆中放入 1/2 的 5，用攪拌器攪打至呈滑順狀態，加入 1/3 的 6 充分混拌。
8. 將 7 放回 6，用橡皮刮刀避免破壞氣泡地粗略混拌，放入裝有圓形花嘴的擠花袋內。
9. 將完全冷卻的 4 橫剖對半，在下半部布里歐切面厚度均勻地將 8 擠成渦旋狀，覆蓋上半部的布里歐。

＊ 卡士達奶油餡僅使用一半，也可以用 1/2 的材料製作。
＊ 布里歐的步驟 5，可以和鹽一起添加 1 大匙的橙花水，風味更正統。

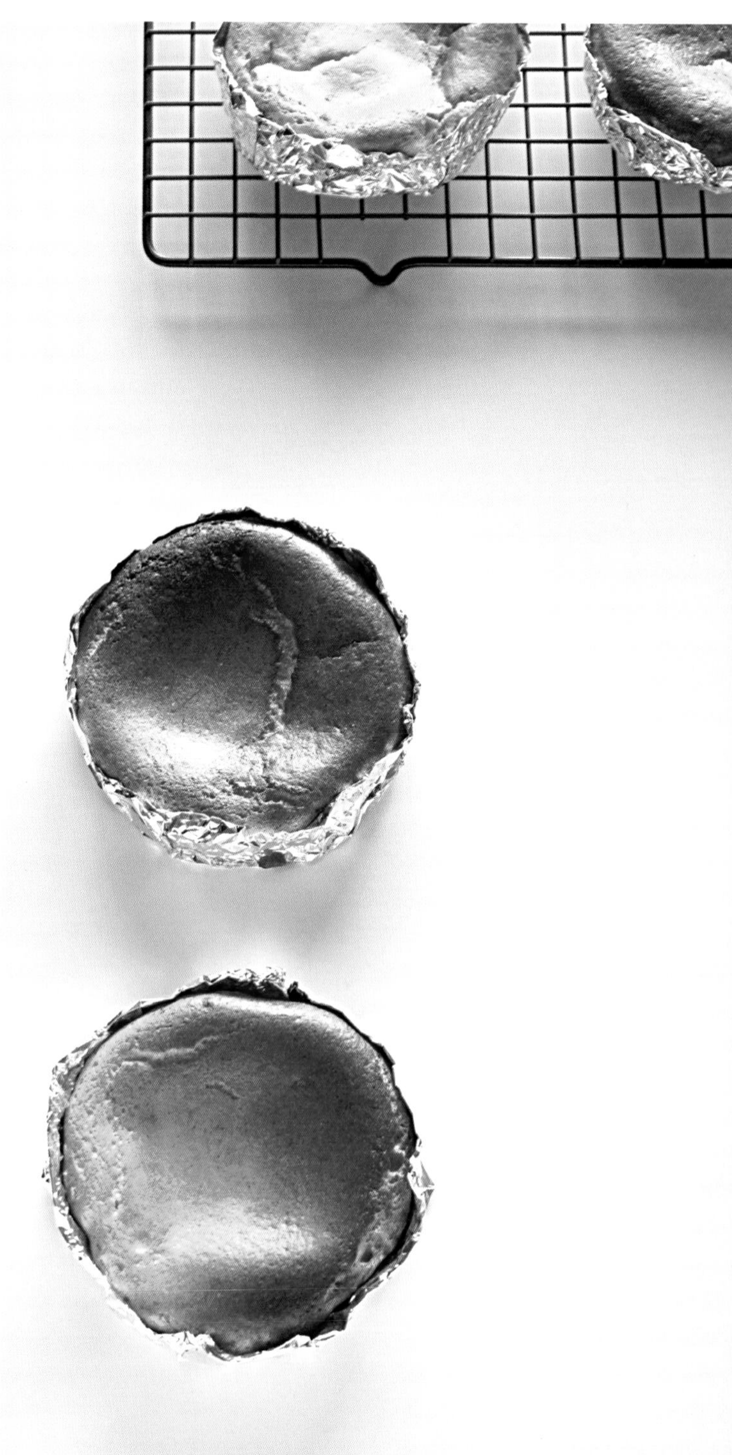

科西嘉起司蛋糕

Fiadones

起源於科西嘉的烤起司蛋糕

◇ 種類：起司糕點　◇ 享用時機：餐後甜點、下午茶、零食
◇ 地區：科西嘉　◇ 構成：麵粉＋雞蛋＋砂糖＋新鮮起司

使用科西嘉島所產的新鮮起司－布羅秋山羊起司 Brocciu（科西嘉語）製作的起司蛋糕。布羅秋山羊起司基本上是以羊奶（也有用山羊奶）來製作，是科西嘉料理中不可或缺的重要食材。受限於這兩種羊奶取得的時期，所以也有不少用牛奶製作的起司。在布羅秋山羊起司上澆淋 Marc 渣釀白蘭地（蒸餾酒的一種）和砂糖，就是很簡單的餐後甜點，也是只有在當地才能品嚐的風味。布羅秋山羊起司是受到 AOP（原產地命名保護）認證的新鮮起司，製作起司之後，可以用浮出的乳清（也可以用牛奶）製作，所以比較接近義大利的瑞可達起司。本書的配方就是用瑞可達起司取代。

布羅秋山羊起司的歷史，可以追溯到西元前，與時俱進地用這款起司來作蛋糕。過去在結婚、受洗等祝禱喜事時，會製作餅乾等小點心來食用，以檸檬皮添香、或加入切碎糖漬枸櫞（檸檬原種 Cédrat）。Fiadones 沒有作為底部的麵團，所以完成時是柔軟滑順的口感，在科西嘉的主要都市阿雅克肖（Ajaccio），可以看到稱作 Ambrucciata（也有 Imbrucciata 的拼法），就是底部有麵團，近似起司塔的成品。

科西嘉島上販售的布羅秋山羊起司 Brocciu，上面有羊的圖案

Régions

科西嘉起司蛋糕（直徑 9cm 的圓模 6 個）

材料

瑞可達起司……250g
砂糖……50g
檸檬皮（磨細）……1/2 個
雞蛋……3 個
低筋麵粉……40g

製作方法

1. 使用 6 片切成 30cm 的方型鋁箔紙，利用折成紙盒的要領，折疊成直徑 9cm 高 2cm 的圓形 6 個。
2. 在缽盆中放入瑞可達起司，用攪拌器攪打至呈滑順狀態。
3. 在 2 中加入 30g 砂糖、檸檬皮，充分混拌。
4. 將雞蛋的蛋黃和蛋白分開，蛋黃加入 3 充分混拌。蛋白則放入另外的缽盆中。
5. 將 4 的蛋白用攪拌器打發至顏色發白。加入其餘的砂糖，打發至尖角直立。
6. 將 1/3 的 5 加入 4 中，用攪拌器確實混拌。過篩低筋麵粉，用橡皮刮刀混拌至粉類完全消失。
7. 將其餘的 5 分二次加入 6，每次加入後都避免破壞氣泡地粗略混拌。
8. 將 7 倒入 1，用 180°C預熱的烤箱烘烤 35 分鐘。

基本麵團 ※材料的份量會因糕點而有所不同

泡芙麵糊
Pâte à choux

材料

無鹽奶油（回復室溫）……45g
低筋麵粉……45g
水……100ml
鹽……1/5 小匙
雞蛋（回復室溫）……2 個

製作方法

1 奶油切成 2cm 塊狀，低筋麵粉過篩。
2 在鍋中放入水、鹽和 1 的奶油，以中火加熱，邊用木杓攪拌邊使奶油融化。
3 待奶油完全融化後，離火，加入 1 的全量低筋麵粉，混拌至粉類消失為止。
4 再次以中火加熱，邊蒸發水分邊持續混拌，當麵團剝離鍋底，鍋底形成薄膜時，離火，移至缽盆。
5 趁熱加入 1 個雞蛋，確實混拌。
6 攪散其餘的雞蛋，邊視麵糊的硬度邊加入少量的 5，重覆這個動作。用木杓舀起麵糊時，末端呈現鳥嘴形狀般的軟硬度就可以了。

＊泡芙要趁熱擠出來烘烤，一旦冷卻後會影響膨脹程度。

本書中使用的糕點

薩朗波→ P20
珍珠糖泡芙→ P23
小泡芙→ P122

折疊派皮麵團
Pâte feuilletée

材料

基本揉合麵團（détrempe）
　無鹽奶油……30g
　高筋麵粉……75g
　低筋麵粉……75g
　鹽……4g
　冷水……80ml
無鹽奶油（回復室溫）
……130g

製作方法

1 製作基本揉合麵團。奶油切 1cm 的塊狀。
2 將高筋麵粉和低筋麵粉過篩放入缽盆中，加入鹽和 1，用手邊揉搓奶油邊撒上粉類。
3 在 2 中加入冷水，邊混拌邊整合成團，包覆保鮮膜放入冷藏室靜置 15 分鐘以上。
4 130g 奶油用保鮮膜包覆，用擀麵棍敲打使其柔軟，整形成約 12cm 的正方形，放入冷藏室。
5 在工作檯撒上手粉（高筋麵粉／材料表外），用擀麵棍將 3 擀壓成能包覆 4 的大小。
6 在 5 的中央放置 4，從四角朝中央折入，確實包覆。
7 將 6 擀壓成縱向長方形，進行 3 折疊。90 度將麵團轉向，再次擀壓成縱向長方形，進行 3 折疊。用保鮮膜包覆後，放入冷藏室 30 分鐘。
8 將 7 擀壓成縱向長方形，進行 3 折疊。90 度將麵團轉向，再次擀壓成縱向長方形，進行 3 折疊。

＊冷凍備用的折疊派皮麵團，在使用的前一天移至冷藏室，使其自然解凍。

本書中使用的糕點

棕櫚酥→ P86
千層酥→ P87
達圖瓦派→ P168
布爾德羅蘋果酥→ P172
皇冠杏仁派→ P190

酥脆塔皮麵團
Pâte brisée

材料
無鹽奶油……70g
低筋麵粉……150g
鹽……1/2 小匙
砂糖……1 大匙
油……1/2 大匙
冷水……1～3 大匙

製作方法
1 奶油切成 1cm 的塊狀。
2 將低筋麵粉過篩放入缽盆中，加入鹽、砂糖、1，用手邊揉搓奶油邊撒上粉類。
3 在 2 中加入油、1 大匙冷水，邊混拌邊整合成團，不容易整合成團時，再少量逐次地加入其餘的冷水。

* 使用含鹽奶油時，可將鹽調整為 1/5 小匙。

本書中使用的糕點
蘋果薄塔→ P29
蘋果塔→ P108
翻轉蘋果塔→ P110
糖塔→ P166
盧昂蜜盧頓杏仁塔→ P174
起司蛋糕→ P208

甜酥麵團
Pâte sucrée

材料
無鹽奶油（回復室溫）……50g
糖粉……30g
鹽……1 小撮
蛋黃……1 個
低筋麵粉……100g
牛奶……1 小匙

製作方法
1 在缽盆中放入奶油，用攪拌器攪拌至柔軟。
2 在 1 中加入糖粉和鹽，混拌攪打至顏色發白。
3 在 2 中加入蛋黃，充分混拌。
4 低筋麵粉過篩加入 3 中，用橡皮刮刀以切拌方式混拌至粉類完全消失，用手將麵團整合成團，不容易整合時，添加牛奶。
5 待 4 整合成團後，用手指像是將麵團壓貼在在缽盆側面般地揉和 1 分鐘。

* 使用圈模烘烤時，在空燒過程中若底部膨脹起來，可以快速打開烤箱用橡皮刮刀等按壓使其平整。

本書中使用的糕點
水果塔→ P34
檸檬塔→ P36

卡士達奶油餡
Crème pâtissière

材料
蛋黃……2 個
砂糖……55g
低筋麵粉……10g
玉米粉……15g
牛奶……300ml
香草莢……1/3 根

製作方法
1 在缽盆中放入蛋黃，依序加入半量砂糖、低筋麵粉、玉米粉，每次加入後都充分混拌。
2 在鍋中放入牛奶、其餘的砂糖、刮出的香草籽和香草莢，以中火加熱。
3 在即將沸騰前熄火，少量逐次地加入 1 中混拌。
4 全部加入後，倒回鍋中，以小火加熱。用攪拌器混拌至產生濃稠。表面的細小氣泡完全消失後，就會開始變得濃稠了。
5 散熱後，取出香草莢。

本書中使用的糕點
薩朗波→ P20
水果塔→ P34
薩瓦蘭→ P42
特羅佩塔→ P220

英式蛋奶醬
Crème anglaise

材料
蛋黃……3 個
砂糖……60g
低筋麵粉……1 小匙
牛奶……500ml
香草莢……1/2 根

製作方法
1 在缽盆中放入蛋黃，依序加入半量砂糖、低筋麵粉，每次加入後都充分混拌。
2 在鍋中放入牛奶、其餘的砂糖、刮出的香草籽和香草莢，以中火加熱。
3 在即將沸騰前熄火，少量逐次地加入 1 中混拌。
4 全部加入後，倒回鍋中，以小火加熱。用橡皮刮刀在鍋底劃 8 字形地混拌至呈濃稠狀態。表面的細小氣泡完全消失後，就會開始變得濃稠了。
5 散熱後，取出香草莢。

本書中使用的糕點
雪浮島→ P94

香緹鮮奶油 Crème Chantilly

別名／ Crème fouettlée sucrée

材料

鮮奶油（高乳脂肪）⋯⋯ 100ml
砂糖 ⋯⋯ 10g

製作方法

1 預備 2 個大小略有不同的缽盆。
2 在大缽盆中放入冰水，在略小的缽盆中放入鮮奶油和砂糖。
3 邊用冰水冷卻鮮奶油缽盆的底部，邊用攪拌器配合用途所需的濃稠程度進行打發。

＊ 相對於 100ml 的鮮奶油，砂糖大約是 10g，但可視組合的成品或個人喜好調整。
＊ 含乳脂肪的鮮奶油，一旦開始變濃稠，會一口氣產生氣泡，所以可以視享用時機進行打發。

本書中使用的糕點

檸檬塔→ P36
蜜桃梅爾芭→ P118
列日巧克力→ P121
馬郁蘭蛋糕→ P202
特羅佩塔→ P220

焦糖
Caramel

材料

砂糖 ⋯⋯ 250g
檸檬汁 ⋯⋯ 1/2 大匙
水 ⋯⋯ 4 大匙
熱水 ⋯⋯ 100ml

製作方法

1 在小鍋中放入砂糖和檸檬汁，澆淋上足以濕潤砂糖的水，以中火加熱。
2 待 1 呈現焦糖色時，加入熱水（焦糖很容易噴濺，所以要注意避免燙傷）邊晃動鍋子邊使其融化。

＊ 放入保存瓶中，冷藏可保存 1 個月。

本書中使用的糕點

雪浮島→ P94

關於Pie

在本書中會簡單地使用「派」。pie是英文，不存在於法語。在法國，即使是用折疊派皮麵團或酥脆塔皮麵團，也只有底部和側面有麵團的糕點才稱為「tarte」（中文譯為塔），表面也一起覆蓋麵團的稱為「tourteau」（中文譯為餡餅）。也就是「tourteau＝pie」但派皮麵團不會稱為tourteau麵團。本書當中，介紹了折疊派皮麵團pâte feuilletée和酥脆塔皮麵團pâte brisée二種，其他則各以法文名稱標示。

關於Tarte

本書當中作為「塔麵團」的只有一種，但在法國依製作方法或配比的不同，而有甜酥麵團 pâte sucrée、砂布列麵團 pâte sablée、餅底脆皮麵團 pâte à foncer 等。甜酥麵團是將所有的材料混拌，如同餅乾麵團一般；砂布列麵團為呈現出鬆脆口感，而必須要避免麵團產生筋度，因此混合材料後不要過度揉和就是重點。餅底脆皮麵團，意思是「為舖放（模型）的麵團」，可以在酥脆塔皮麵團（→ P225）中添加蛋黃製作。

其他的麵糊或奶油餡等

其他的麵糊

○ 熱內亞蛋糕麵糊
pâte à génoise
◇ 別名／ biscuit génoise
◇ 構成 ： 雞蛋＋砂糖＋麵粉

在日本，製作草莓蛋糕時使用的就是這種麵糊。用「全蛋打發法」來製作，將全蛋中加入砂糖，邊隔水加熱邊攪打至顏色發白。配方上，為呈現出潤澤感地少量添加融化奶油、油、牛奶等。一部分的麵粉可以用可可粉取代，就是巧克力熱內亞蛋糕麵糊。

○ 海綿蛋糕麵糊
pâte à biscuit
◇ 構成 ： 雞蛋＋砂糖＋麵粉

雖然是海綿蛋糕的總稱，但這裡指的是將雞蛋中的蛋黃和蛋白分開，各別加入砂糖打發的「分蛋打發法」所製作麵糊。放入擠花袋內擠出來，像是 biscuit à la cuillère 手指餅乾又名 boudoir，倒至烤盤上烘烤後捲起奶油餡，就成了蛋糕卷 Biscuit roulé。

○ 杏仁海綿蛋糕麵糊
biscuit joconde
◇ 構成 ： 雞蛋＋砂糖＋麵粉＋杏仁粉＋糖粉＋融化奶油

全蛋和蛋黃加上低筋麵粉、杏仁粉、糖粉，打發成濃稠沈重的狀態。蛋白和砂糖另外打發，製作成蛋白霜，在麵糊中加入蛋白霜和融化奶油，烘烤成平板狀。名畫「蒙娜麗莎」的法語是「La Joconde」，為什麼這個麵糊會和「蒙娜麗莎」同名，起源衆說紛紜。

○ 達克瓦茲麵糊
biscuit dacquoise
◇ 別名／ biscuit succès
◇ 構成 ： 蛋白＋砂糖＋堅果粉＋麵粉＋糖粉

蛋白和砂糖打發製作蛋白霜，加入堅果粉（杏仁或榛果）混拌後烘烤的麵糊，也有添加低筋麵粉或糖粉的配方。將這個麵糊渦旋狀地擠成直徑20cm左右的2片，烘烤後，夾上帕林內（→P229）的奶油餡，就是經典糕點 Dacquoise 達克瓦茲，或是勝利杏仁夾心蛋糕 Succès。但在此，是作為組合糕點而烘烤出的蛋糕體。

其他的奶油餡等

○ 杏仁奶油餡
crème d'amandes
◇ 構成 ： 奶油＋砂糖＋雞蛋＋杏仁粉

上述材料依序混拌而成，有時也會加入能吸收水份的低筋麵粉，經常被用在塔或派餅的內餡。

○ 卡士達杏仁奶油餡
crème frangipane
◇ 構成 ： 杏仁奶油餡＋卡士達奶油餡

水份比杏仁奶油餡更多，因此烘烤之後可以呈現潤澤的口感。

○ 奶油霜
crème au beurre
◇ 構成 ： 蛋黃（或蛋白）＋砂糖＋奶油

製作方法有幾種，但無論哪種雞蛋都會加熱使用。基本的製作方法舉例如下，將熱糖漿少量逐次地加入蛋黃中，攪拌打發至全體冷卻（炸彈麵糊 pâte à bombe →P229）。在冷卻後，加入柔軟的奶油並混拌。本書當中介紹的是用糖粉取代糖漿的簡單配方。

○ 慕斯林奶油餡
crème mousseline
◇ 構成 ： 卡士達奶油餡＋奶油霜

濃郁且經典的奶油餡，奶油霜有時也可以用奶油代替。

○ 輕爽卡士達奶油餡
crème légère
◇ 別名／ crème madame、crème princesse
◇ 構成 ： 卡士達奶油餡＋打發鮮奶油

是日本很受歡迎，奶油泡芙中所填裝的內餡。「crème légère」是「輕奶油」的意思。

○ 吉布斯特奶油餡
crème Chiboust
◇ 構成 ： 卡士達奶油餡＋義式蛋白霜
是歷史上著名的糕點師－吉布斯特所想出來的奶油餡。

○ 炸彈麵糊
pâte à bombe
◇ 又稱 / appareil à bombe
◇ 構成 ： 蛋黃＋糖漿
將熱糖漿少量逐次加入蛋黃中，混拌打發至全體冷卻，也可以用常溫的糖漿加入蛋黃中，邊隔水加熱邊進行打發。這種麵糊不會單獨使用，都是加入奶油霜或巧克力慕斯中。

○ 甘那許
crème ganache
◇ 別名 / ganache
◇ 構成 ： 巧克力＋鮮奶油
巧克力和鮮奶油以 1：1 的比例混拌而成，可以依照想要的狀態加以調整，鮮奶油可以部分用牛奶取代，加入奶油等等，也可以作為巧克力糖（Bon Bon Chocolat）的內餡。

○ 帕林內
pâte de praliné
◇ 別名 / praliné
◇ 構成 ： 杏仁＋榛果＋砂糖
烘烤過的杏仁或榛果，沾裹上焦糖後製成的膏狀物質。所謂的「帕林內」，基本上指的是「烘烤過的堅果與焦糖」。依堅果的比例，有時會特別感受到榛果的風味。雖然也可以手工製作，但現在一般會使用市售品，某大廠商就有以 Praliné amande noisette 50%（杏仁和榛果各 25% 的帕林內）販售的商品。帕林內甘那許（法語是 Ganache Praliné），有以巧克力和鮮奶油製作甘納許的過程中，添加帕林內的製作方法，或是用帕林內巧克力和鮮奶油來製作甘那許。

○ 焦糖杏仁牛軋糖
nougatine
◇ 構成 ： 焦糖＋杏仁粒
焦糖在還是液體時，薄薄地延展，可以切成自己喜歡的樣子。

○ 糖霜
glace royale
混合糖粉、檸檬汁、蛋白製作出的糖霜。

○ 翻糖、風凍
fondant
熬煮至高溫的糖漿變白，再加熱攪拌結晶化製作而成。雖然也可手工製作，但一般會使用市售品，經典糕點中不可或缺的材料。

○ 鏡面果膠
nappage
語源有「覆蓋」意思的 napper，意思是覆蓋蛋糕，用以隱藏內容物的技巧。以原義來看，無論覆蓋在蛋糕上的是什麼都可以，最近這樣的用法變多。以前糕點製作，主要是刷塗杏桃果醬或覆盆子果醬，或是用於增添塔或蛋糕的光澤。nappage neuter 是無色透明果凍般的物質，不需上色就能呈現光澤。

○ 鏡面淋醬
glaçage
原意是「澆淋糖霜」的 glacer 就是語源。廣意來看，雖然是以砂糖為原料的糖霜 glace royale、翻糖 fondant 為主，但最近與鏡面果膠一樣，也廣意泛指覆蓋隱藏蛋糕的內容物及技巧。glaçage miroir，是像 miroir（鏡面）般具光澤的淋醬，也常見到用可可粉或巧克力製作的茶色淋醬。

關於材料

粉類

○麵粉，在日本是以麩質的含量來區分，從含量少的開始依序是「低筋麵粉」、「中筋麵粉」、「高筋麵粉」。一般用在糕點製作時，會使用「低筋麵粉」，而添加酵母的發酵麵團，則使用「高筋麵粉」。在法國，與日本分類方法不同，是以灰分(礦物質成分)的含量來區隔。例如稱為“Type 45”的麵粉，是 100g 中含 0.45g 灰分的意思。有從 Type 45 到 Type 150 (號碼不相連)。灰分成分越高，就容易變成棕色或茶色，因為含有較大量的麩質。灰分越少粉色越白，含有的麩質成分也越少。製作糕點，大約是 Type 45 ～ Type 55，麵包製作則是適用 Type 60 以上，也有些包裝上會寫“Farines pour gâteaux”專門用於糕點製作。

○澱粉，雖然也有馬鈴薯澱粉，但一般會使用的是玉米澱粉。「Maïzena」是玉米粉的品牌，作為玉米澱粉的代名詞，在潛移默化中，有時配方上會直接標記成 Maïzena。

○泡打粉，有 11g 的小包裝，數包一袋地販售。相對於 500g 的粉類，大約使用 1 小包。酵母，有新鮮的塊狀和即溶的粉狀。粉狀與泡打粉一樣有小包裝。

糖類

○關於砂糖，請參考 P167 的詳細說明。白砂糖若用日本的上白糖來代用時，會有潤澤口感的甜味，若是用細砂糖，甜味會更清新俐落。

○蜂蜜，槐花蜜即使在常溫下也是液體狀態，沒有特殊氣味方便使用。像栗木蜂蜜般較有特色的蜂蜜，則可以視使用場合來區隔。在南法，也常會使用薰衣草或其他當地香草的蜂蜜。

雞蛋

法國的雞蛋尺寸，帶殼時 S 是 53g 以下、M 是 53 ～ 63g、L 是 63 ～ 73g、XL 是 73g 以上。本書中使用的是日本的 L 尺寸(帶殼是 64g ～ 70g 以下)。即使尺寸不同，蛋黃的重量都是相同的。只是蛋白重量會因而改變，所以使用 M 尺寸時，每個大約要補足 10g 的蛋白。

牛奶

法國的牛奶，依乳脂肪含量而分成三類，全脂牛奶(紅色標記)相對於 1L 含有 3.5% 以上，低脂牛奶(青色標記)是 1.7%左右，脫脂牛奶(綠色標記)是 0.5% 以下。作為飲品，一般會使用低脂，但若是用在糕點製作時，則會使用與日本乳脂肪成分幾乎相同的全脂牛奶。

鮮奶油

法國的鮮奶油稱為 Crème fraîche，就是「生鮮奶油」的意思。鮮奶油有二種，一是發酵過，略帶酸味有稠度的法式酸奶油；另一種是沒有味道、清徹的，跟日本的鮮奶油相同類型，這兩種各有全脂(30%)和低脂(12 ～ 30%)的商品。

其他的乳製品

○法國的優格，即使是原味優格，一般也都是以 1 盒 125g 的小容器販售。優格蛋糕(→ P142)，就是使用這種容器計量的配方。

○ fromage blanc 意思是名為「白起司」的新鮮起司，口感滑順、質地像優格一樣。fromage frais 雖然有「新鮮起司」的意思，但相較於 fromage blanc，紋理較粗、口感也較乾燥鬆散。法國的起司蛋糕，是以牛奶、山羊奶或羊奶的 fromage blanc 或 fromage frais 來製作。

油脂類

○法國人用於料理、塗抹在麵包的奶油，是無鹽奶油。近年來風行的布列塔尼生產的含鹽奶油，開始出現在餐廳和咖啡廳，或許日後連家庭中都會使用也說不定。本書中記錄描述時有分「無鹽奶油」、「含鹽奶油」，若兩者皆可時會用「奶油」來標記。

○關於油類，在法國一般使用的是單一的植物油，像是菜籽油或葵花油等。在日本，建議可以使用沒有特殊香氣，或氣味的單一植物油或沙拉油。

水果

關於水果請參考 P207 的詳細說明。

堅果、乾燥水果、糖漬水果

○在法國，使用頻率最高的堅果，就是杏仁和榛果了。這二種堅果製作的帕林內（→ P229）或開心果膏等，都常被運用在糕點製作上。因區域不同，有些地方使用的是核桃、松子等。

○法國使用頻率較高的乾燥水果，是葡萄乾、乾燥洋李、杏桃等。其他也會使用曬乾的蘋果、洋梨、桃子等。糖漬水果，有糖漬櫻桃（drained cherry）、糖漬橙皮、歐白芷等。歐白芷，是芹科的植物，具有藥效及殺菌的效果，十分受到重視。在法國普瓦圖 - 夏朗德地方（→ P150）的尼歐爾（Niort）就是有名的產地。

巧克力類

○在法國，有大約 200g 大型糕點製作用的巧克力，在超市的糕點櫃上就可以找得到。在包裝上會寫著 cuisine（料理）、pâtisserie（糕點）、dessert（餐後甜點）等。只要沒有特別指定，都是使用可可含量較多的 chocolat noir（苦甜巧克力）。若上面標示著味道強烈的 corsé 或 intense 時，更好。

○可可粉，在法國也分成無糖和含糖，糕點製作上使用無糖的。

酒類

經常使用的是蘭姆酒和櫻桃白蘭地（櫻桃蒸餾酒）。君度橙酒（Cointreau 無色透明）和柑曼怡白蘭地橙酒（Grand Marnier），帶有柳橙香氣的法國兩大銘酒。在地方傳統糕點的製作上，也會使用雅馬邑（Armagnac）等白蘭地。

辛香料、香料

提到法國的香料，就是「香草」。最近使用香草莢的人變多了，但還是可以利用香草糖（參考下述）等擴大使用的範圍。在法國，相較於香草精，香草莢更受歡迎。在辛香料方面，大致是肉桂、丁香。大茴香籽則是在阿爾薩斯和法國南部，經常使用的香料。

法式風格

○香草糖，沾染了香草香氣的淺茶色砂糖，越是古早的食譜配方，使用得就越多。與泡打粉一樣，有 11g 的小包裝，數包一袋地販售。

○在珍珠糖泡芙（→ P23）和特羅佩塔（→ P220）使用的糖粒，也是很法式風格的材料。

○橙花水，從橙花萃取出的香料（透明的液體）。在法國南部，很多糕點都會用這個來增添香氣。

○ biscuit à la cuiller 手指餅乾也被稱作是 Boudoir，在製作夏露特（→ P112）時，很多會使用市售品，在超市的糕餅貨架就能買得到。

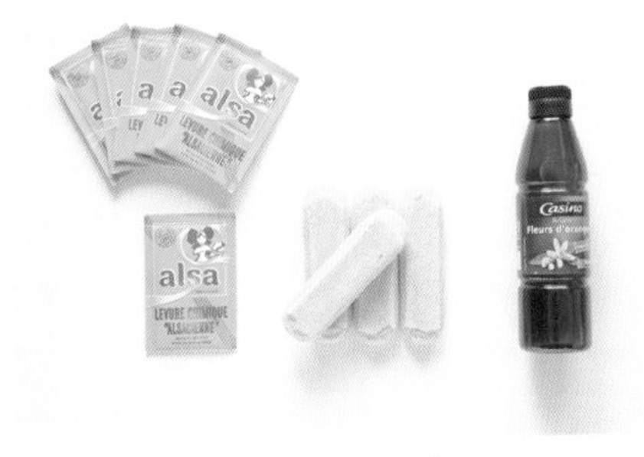

左起是泡打粉、手指餅乾、橙花水

法國糕點的歷史

中世紀

十一～十二世紀

- Oublie和Gaufre（→P162）
  華夫餅的原型、格子圖案的糕點
- Échaudé
  燙煮麵團後烘烤的小點心
- Gimblette
  用茴香增添香氣的環狀烘烤糕點
- Nieule
  像脆餅般的烘烤餅乾，現在拼成Nieulle

十三～十四世紀

- Pain d'épices（→P192）
  香料蛋糕
- Tarte aux pommes de Taillevent（→P109、235）
  泰爾馮的蘋果塔（酥脆塔皮麵團）
- Flan或Flaon（→P26）
- Dariole
  筒狀的烘烤品
- Talmose（→P28新鮮）
  以起司為內餡的糕點，現在拼成Talmouse
- Riz au lait de Saint-Louis（→P104）
  聖路易（聖路易＝路易十九）的米布丁
- Gâteau de Savoie（→P204）
  現在也稱為Biscuit de Savoie

十五世紀

- Pâte à chaud（→P14）
  泡芙的原型

文藝復興

十六世紀

- Crème frangipane（→P228）
  混合杏仁奶油餡和卡士達奶油餡所製成的奶油餡
- Crème fouettée
  不添加砂糖的打發鮮奶油
- Brioche（→P170）
  布里歐
- Gâteau des Rois
  Galette des Rois（→P62、63）
  國王餅的前身

華麗的宮廷文化

糕點師的技術正式成形的時代

十七世紀

1650年
- Tartelette amandine de Ragueneau
  （→P30）小型杏仁塔

1653年
- Tourte d'œufs aux pommes（→P227）
  蘋果雞蛋餡餅
- Crème pâtissière（→P226）
  卡士達奶油餡
- Macaron（→P78）
  馬卡龍

1691年
- Crème brûlée de Massialot（→P96、234）
  馬西亞洛特的烤布蕾

十八世紀

1725年
- Kugelhopf（→P152）庫克洛夫

－1730年
- Baba au rhum（→P40）
  滲入蘭姆糖漿的巴巴露亞

1735年
- Puits d'amour de Vincent La Chapelle
  （→P27、235）文森·拉夏佩爾的愛之井

1739年
- Biscuit à la cuillère de Menon（→P231、235）
  梅農的手指餅乾
- Biscuit de chocolat de Menon（→P231、235）
  梅農的巧克力蛋糕

1755年
- Madeleine（→P72）
  瑪德蓮

十八世紀末

- Pets de nonnain（→P189）
  現在被稱為佩多儂炸泡芙
- Charlotte（→P112）
  夏洛特

開始革命動亂期

卡漢姆的崛起與普羅大眾的甜點

十九世紀

1810年
－Riz à l'impératrice（→P105）皇后米布丁

1814年
－Croquembouche de Beauvilliers
博維利耶爾的奶油脆餅
－Mousse glacée de Carême（→P234）
卡漢姆的冰慕斯

1815年
－Bavaroise de Carême（→P128、234）
卡漢姆的巴巴露亞
－Soufflé de Carême（→P100）
卡漢姆的舒芙蕾
－Petits -fours de Carême（→P236）
卡漢姆的花式小點心
－Diplomate(→P55)卡士達布丁(外交官)

1840年
－Flan meringué（→P26）
添加蛋白霜的法式布丁塔
－Saint-Honoré（→P18）聖多諾黑

1843年
－Puits d'amour（→P27）愛之井

1845年
－Savarin（→P42）薩瓦蘭

1850年
－Éclair（→P12）閃電泡芙
－Tarte Bourdaloue（→P32）
布爾達盧洋梨塔

1851年
－Religieuse（→P16）修女泡芙

1852年
－Sablés de Lisieux（→P81）利雪砂布列

1855年
－Malakoff（→P59）咖啡風味的蛋糕
－Pain de Gênes 熱內亞蛋糕（→P70）

1857年
－Moka（→P59）摩卡

1860年
－Quatre-quarte（→P140）磅蛋糕

1870年
－Poire Belle-Hélène（→P120）
美麗海倫燉梨

1876年
－Mille-feuilles（→P24）千層酥

1880年
－Cake（→P66）水果蛋糕

1887年
－Vacherin蛋白餅冰淇淋（→P55、115）

1888年
－Financiers（→P74）費南雪

1892年
－Salambo ／ Salambô（→P20）薩朗波

1894年
－Pêche Melba（→P118）蜜桃梅爾芭

1896年
－Crêpes Suzette火焰可麗餅
－Tarte Tatin（→P110）翻轉蘋果塔

二十世紀

從二次世界大戰到現代

1910年
－Paris-Brest（→P19）巴黎布雷斯特

1955年
－Opéra（→P46）歐培拉（歌劇院）

1960年代
－Fraisier（→P57）草莓蛋糕

法國糕點師名冊

※ 本書中提及的人名及店名，依字母順序排列。

Antoine Furetière (1619－1688) 安東尼・弗雷蒂埃

文學家、小說家、詩人

出生於巴黎。法蘭西學術院(Académie française → P13)的會員，致力於辭典的編纂，但無法忍受其進展之遲緩，自行出版了法語辭典。

Antonin(Marie-Antoine) Carême (1784－1833) 安東尼・卡漢姆

糕點師、總主廚

本名是馬利・安東尼，但一向以「Antonin」而為人熟知。被譽為"Le roi des chefs et le chef des rois 廚中之王、王者之廚"的人物。為外交官德塔列朗工作而活躍，之後也為英國、俄羅斯、奧地利皇太子與皇帝等服務，最後的雇主是富豪羅斯柴爾德家族(Rothschild)。他為法國料理界、糕點界帶來巨大的影響。現在有很多食譜工具都是當時傳承而來。留有相當多的著作"Le Pâtissier Royal Parisien 巴黎的宮庭糕點師"(1815)、"Le Maître d'Hôtel Francais 法國的服務總監"(1822)等。

Auguste Escoffier (1846－1935) 奧古斯特・艾斯考菲

總主廚

與前者相同，被譽為"Le roi des cuisiniers et le cuisinirer des rois 料理師之王、國王之御廚"的人物。艾斯考菲最大的成就，是以十九世紀安東尼・卡漢姆所構築的法式料理技法為基礎，藉由單純化料理的裝飾、體系化烹調法，奠定確立了現代法式料理的基礎。因邂逅飯店之王凱撒・麗池(César Ritz)，轉而進入知名飯店擔任主廚，並思考新料理。艾斯考菲在 1903 年著作的"Le Guide Culinaire 烹飪指南"，仍是現在廚師們熟讀的業界聖經。

Auguste Jullien (十九世紀) 奧古斯丁・朱利安

糕點師

出生地點或正確的時代等相關資料相當少。是朱利亞三兄弟的老二，大哥亞瑟(Arthur)和小弟納西斯(Narcisse)都同樣是糕點師。朱利亞在聖多諾黑市郊路(Rue du Faubourg Saint-Honoré)上的著 名糕點店－吉布斯特擔任糕點主廚，後來與哥哥一起在交易所廣場(place de la Bourse)附近開設了糕點店，弟弟也在中途加入。相傳朱利安就是構想出聖多諾黑(→ P18)和薩瓦蘭(→ P42)的人。

Curnonsky (1872－1956) 肯農斯基

美食評論家、料理研究家

本名是莫里斯・埃德蒙・薩爾蘭德(Maurice Edmond Sailland)，又被稱為"Le prince des gastronomes 美食家王子"。是美食評論家、料理研究家的先驅。著有"La France Gastronomique 美食之國法蘭斯"(共 28 冊)，傳遞法國地方料理美妙之處。從 1926 年開始，在介紹旅遊美食的『米其林指南』擔任顧問。

Dalloyau 達洛優

十七世紀時，第一代查爾斯・達洛優(Charles Dalloyau)的麵包受到易路十四的讚揚，之後十分光榮的被任命負責凡爾賽宮的膳食職務，後來成了達洛優家族代代相傳的世襲職。在法國大革命後，失去原先的地位，1802 年時，在聖多諾黑市郊路(Rue du Faubourg Saint-Honoré)上開設了「Dalloyau」。傳達皇家美食最古老的店家，現在是糕點、麵包、熟食等一應俱全的品牌。

François Massialot (1660－1733) 弗朗索瓦・馬西亞洛特

廚師

路易十四、十五時代的膳食負責人(總主廚)。著有"Le Nouveau Cuisinier Royal et bourgeois 宮廷與中產階級的新料理"和 "Le Cuisinier Roïal et bourgeois 宮廷與中產階級的料理"等著作。

Gaston Lenôtre (1920－2009) 賈斯通・雷諾特

糕點師

以糕點為主，也同時能提供陣容堅強的麵包和熟食的高級美食品牌 Lenôtre 的創業者。控制甜度，製作出輕盈口感，可說是奠定現代糕點基礎的重要人物，被稱為「法國糕點業之父」。也是被譽為「糕點界畢卡索」皮耶艾曼(Pierre Hermé)的老師。

Jean Avice (十九世紀初) 尚・阿維斯

糕點師

進出外交官德塔列朗家 M. Bailly 店內的糕點師，也是當時很年輕的安東尼・卡漢姆的師父。據說在十六世紀時，就是他將泡芙麵糊帶入法國，並完成製作。

Joël Robuchon (1945－2018) 喬埃・侯布雄

廚師

現代廚師的代表之一，1976 年取得 MOF (Meilleur Ouvrier de France 法國最佳工藝師)。1981 年，在巴黎開設自己的餐廳「Jamin」。之後又開設了很多餐廳，是「全世界米其林星級總數最多的主廚」。擁有料理節目，也經常在媒體上露面。

Joseph Gilliers (16??-1758) 約瑟夫・吉利爾

膳食長

十八世紀時擔任統治洛林公國，舊波蘭王斯坦尼斯瓦夫・萊什琴斯基(Stanisław I Leszczyński)的膳食長。著有“Le Cannaméliste Français 法國甜點列表”，書中記錄描述了在萊什琴斯基(Leszczyński)公爵統治下，洛林宮廷飲食相關的興盛過程，依照英文字母順序從食材到工具介紹。「Cannaméliste」是甜味廚師的古老稱呼，好像當時並沒有僅介紹甜點的書籍。

La Varenne (1618-1678) 拉・瓦雷納

廚師

本名是弗朗索瓦・皮埃爾・拉・瓦雷納(François Pierre de la Varenne)。路易十四時活躍於宮廷的廚房。1651 年出版的“Le Cuisinier François 法國的廚師”，在使用大量辛香調味料的中世紀，這本書將當時能稱為「經典」的法國料理基礎，都記錄描述下來，是非常重要的著作，並且將不外流的宮廷料理公開，也是革命性的作法。1653 年出版“Le Pâtissier François 法國的糕點師”。

Leblanc (不明) 拉布朗

服務總監、糕點師

並沒有全名，出生地或正確年代等資料。關於姓名，也只知道姓 Leblanc，名字縮寫是 M。留有“Manuel du Pâtissier 糕點師的教科書”(1834 年)和“Nouveau Manuel Complet du Pâtissier 糕點師的新完全教科書”(兩者的書名都很長，在此都是簡稱)。

Menon (十八世紀) 梅農

料理書的作者

並沒有全名，出生地或正確年代等資料。在 1746 年出版，當時被稱為現代食譜書的 La Cuisinière Bourgeoise 布爾喬亞家的女廚師”成了熱賣的暢銷書，至 1866 年為止，已經再版了 120 次。當時中產階級以下，布爾喬亞家庭的廚師是女性，書中所介紹是將高級料理簡化成一般家庭也能製作的食譜配方。而且不止是專家，以一般人為對象的切入點，是暢銷的主要原因。

Michel Bras (1946 –   ) 米歇爾・吧

在以刀具聞名的拉約勒(Laguiole)村內經營名為「Le Suquet」星級飯店兼餐廳。米歇爾並沒有跟從名師或在知名餐廳工作的經驗，而是跟隨雙親經營旅宿、學習料理，在當地自然環境中摸索出技能。使用鮮美的蔬菜和香草盛盤等，是現代料理形式的先驅。

Nicolas Stohrer (不明) 尼可拉・斯朵爾

糕點師

舊波蘭王－斯坦尼斯瓦夫・萊什琴斯基(Stanisław Leszczyński)流亡於阿爾薩斯的維桑堡(Wissembourg)成為萊什琴斯基(Leszczyński)公爵。1725 年，公爵的女兒瑪麗・萊什琴斯基嫁給路易十五，也一起同行進入凡爾賽宮。1730 年，在巴黎的蒙托格伊路(Rue Montorgueil) 51 號(現在的巴黎二區)開設了同名糕點店 Stohrer，現在也仍繼續營業，是最古老的糕點店。

Paul Bocuse (1926 – 2018) 保羅・博庫斯

廚師

被稱為「二十世紀最具代表性的廚師之一」，是位於里昂郊外的餐廳「Paul Bocuse」的老闆兼主廚。1961 年取得 MOF (Meilleur Ouvrier de France 法國最佳工藝師)。該餐廳從 1965 年起至 2019 為止，經營了 50 年並且持續獲得米其林三星的殊榮。

Philéas Gilbert (1857 – 1942 或 1943) 菲力亞斯・吉爾伯特

糕點師、廚師

擔任法國最早的料理專門雜誌“L'Art Culinatire 料理的藝術”編輯，仍然不斷進修學習，也為提升廚師的社會地位而努力。在奧古斯特・艾斯考菲執筆的“Le Guide Culinaire 烹飪指南”協助。

Pierre Lacam (1836 – 1902) 皮耶・拉康

糕點師

在里昂學習後，為了增加糕點的知識與技巧，開始在法國境內一邊旅行一邊學習。1865 年出版“Le Nouveau Pâtissier-Glacier Français et Étranger 法國與外國的新糕點－冰品師”，也瞬間成為暢銷書。次年 1866 年至 1871 年間，在位於皇家路(Rue Royale)的 Ladurée 擔任糕點主廚，之後擔任摩納哥國王查理三世(Charles III)的專屬糕點師。1890 年出版了刊載 1600 道食譜的“Le Mémorial de la Pâtisserie 法國糕點備忘錄”；1900 年出版“Le Mémorial Historique et Géographique de la Pâtisserie 法國糕點的歷史、地理備忘錄”等多部著作。

Taillevent (1310 – 1395) 泰爾馮

本名是吉翁・提黑(Guillaume Tirel)，擔任過菲利普六世、查理五世及查理六世的宮廷總主廚。他留下的著作“Le Viandier 料理書”，和作者不詳的“Le Ménagier de Paris 巴黎的家事”兩本流傳至今，是中世紀法國料理的重要資料。書名的 Le Viandier 是指「關於 Viandier」的意思。現在 Viandier 指的是「食用肉」，但在當時則是「食物或一般料理」的意思。

Vincent La Chapelle (1690 或 1703 - 1745) 文森・拉夏佩爾

廚師

先後侍奉過倫敦切斯特菲爾德(Chesterfield)伯爵、荷蘭王室奧蘭治－拿騷王朝(Huis Oranje-Nassau)、路易十五情婦龐巴度夫人(Madame de Pompadour)等。活用在海外的經驗，於 1733 年出版英語版“The Modern cook 現代的料理”。二年後再將此書譯作法語“Le Cuisinier Moderne”，柔軟地混合不同文化，發掘出新風味的重要人物，食譜配方現今也能製作。

法國的糕點用語

在日本，有和菓子、洋菓子、烘烤糕點、冰涼糕點、餐後甜點等，糕點的用詞非常多，藉此機會再次整合英文的 sweets。
在法國，早餐、午餐或晚餐後的點心、下午茶，或小點心，食用甜點的機會比日本多。其中，pâtisserie 或 gâteau、entrements，混有多樣的單字。讓我們在此試著統一法國的糕點用語吧。

sucrerie
近似於日文「甜的東西」的意思。指所有使用砂糖製作的東西。sucre 是砂糖的意思。sucrerie 也有「砂糖工廠」的意思。

douceurs
近似於日文的「甜的東西」的意思。 douce是法語「甜的」形容詞，doux是陰性詞。

pâtisserie
以粉類製作麵團（塔麵團或泡芙麵糊等），再以其做出蛋糕或糕點。販售這些成品的店家，就是「pâtisserie」。pâtisserie 是從法語的麵團 pâte 而來，再往上回溯，被譯成糕點師 pâtisserier 這個字，意思是「製作 pâté 的人」。但當初是用肉類或魚類凝固製作，之後因麵粉普及，所以用麵粉麵團包覆肉類或魚類的料理，就稱作「pâté」。在糕點老店中，也可以看到 pâté 等熟食在店內販售。

confiserie
以砂糖為主要材料的小點心。有糖果、焦糖、糖霜果仁、糖漬水果（fruit confit）等。販售這些糖果的店家，就稱為「confiserie」。confiserie 是從「砂糖醃漬」的動詞 confire 而來。

gâteau(x)
與日本的蛋糕近似的字詞。gâteau 後面會加上其他的字，變成「○○蛋糕」（例如：gâteau au chocolat 巧克力蛋糕）。因甜點不同，也有命名為 Pain 的成品。（例如：Pain d'épices、Pain d'ains 香料蛋糕）

entremets
料理書或高級餐廳的菜單上常常可以看到的單字。意思近似「dessert」，但表達得更細緻。entremets 是 entre les mets（餐食與餐食之間）的意思，在食用套餐料理時有很多道菜，而在餐食與餐食間送出，語源也是由此而來。在 Larousse 辭典上的定義是「起司和水果之間，作為 dessert 呈上溫製或冷製的甜味料理」。像糕點 pâtisserie 或糖果 confiserie 般無法用材料區隔，都是在 entremets 的表現範圍內。

dessert
日文的「dessert」是餐食最後食用的甜點，經常說是「餐後甜點」，所以 dessert 這個字包含了「點心」以及「餐後」的雙重表現。是由「撤除餐具」的動詞 desservir 衍生而來，在餐桌收拾整潔後，提供起司或甜品的服務。與「entremets」同樣地「dessert」所表現的範圍也很大。

goûter
日文的「點心」。根據 Larousse 辭典的定義，是「午餐和晚餐之間的輕食」，書本中提到的食用時機，設定了「點心」和「下午茶」，點心是可以和小朋友一起享用的東西，下午茶則是充滿成熟的氣氛。

friandise(s)
放入口中就能感受到甜味，小而甜的東西。主要指的是烘烤的小甜點或小糖果等等。日文中比較接近「糕點」的感覺。

mignardise(s)
餐後（Dessert 之後）食用的小蛋糕、小糕點的組合。在法國正式用餐時，餐後飲用咖啡或紅茶時一起享用的甜品。

petit(s)-four(s)
日文是「花色小餅乾」。一口可食用的蛋糕或糕點，又或是小零嘴（鹹味）。four 是「烤箱」的意思，過去在烤窯熄火後，利用餘溫（＝小火力烤箱）烘烤。所以必須使用烤箱烘烤的麵團，麵團再加上新鮮食材搭配而成，就稱為 petit-four-frais。所有烤箱烘烤出來的，都會冠以「dry」，也叫 petits fours secs。像餅乾一樣小的烘烤糕點類，在法語也稱為「petits fours secs」，砂布列（→ P80）就是其中的一種。

参考文獻

羽根則子『イギリス菓子 鑑 お菓子の由 と作り方』誠文堂新光社
森本智子『ドイツ菓子 鑑 お菓子の由 と作り方』誠文堂新光社
山本ゆりこ 森田けいこ『パリの 史探訪ノート』六耀社

Maguelone Toussaint-Samat, *La très belle et très exquise histoire des gâteaux et des friandises*, Flammarion

Laurent Terrasson, *Atlas des desserts de France*, Éditions Rustica

François-Régis Gaudry & Ses Amis, *On va déguster : la France*, Marabout

Magazine Fou de Pâtisserie, Éditions Pressmaker

Clémentine Perrin-Chattard, *Les crêpes et galettes*, Éditions Jean-Paul Gisserot

Conseil national des arts culinaires (CNAC), *Nord-Pas-de-Calais：Produits du terroir et recettes traditionnelles*, Albin Michel

Ginette Mathiot, *La pâtisserie pour tous*, Albin Michel

Richard Roudaut, *Les fruits*, Parangon

Larousse https://www.larousse.fr
Le Parisien http://www.leparisien.fr
Pâtisserie Durand https://www.paris-brest.fr
Historia https://www.historia.fr
Stohrer https://stohrer.fr
Geo https://www.geo.fr
Marie Claire https://www.marieclaire.fr
Ladurée https://www.laduree.fr
Maison des Sœurs Macarons https://www.macaron-de-nancy.com
Ville de Commercy http://www.commercy.fr
Véritables Macarons de Saint-Émilion http://www.macarons-saint-emilion.fr
Maison Adam https://www.maisonadam.fr
Reflets de France https://www.refletsdefrance.fr
Hôtel Tatin https://www.hotel-tatin.fr
Philippe Urraca https://philippe-urraca.fr
Maison Fossier http://www.fossier.fr
Patrimoine Normand-Le magazine de la Normandie http://www.patrimoine-normand.com
Ouest-France https://www.ouest-france.fr
Biscuits LU https://www.lu.fr
Clément Faugier http://www.clementfaugier.fr
France Bleu https://www.francebleu.fr
Le Point https://www.lepoint.fr
Four des Navettes http://www.fourdesnavettes.com
La Tarte Tropézienne https://www.latartetropezienne.fr

索引 Index des Desserts et Gâteaux

※ 將本書介紹的糕點及其別名對照如下，依法文字母排列。

攝影:山本ゆりこ
設計:横田洋子
校正:有限会社 くすのき舎
編輯:久保万紀恵
DTP 協力:木本直子
協力:Hervé Pinard

工具協助

猫舌餅　P85
烤布蕾　P96
檸檬舒芙蕾　P100
翻轉蘋果塔　P110
柳橙冰舒芙蕾　P114
蜜桃梅爾芭　P118
美麗海倫燉梨　P120
小泡芙　P122
南錫巧克力蛋糕　P159
蘭斯玫瑰餅乾　P160
格子鬆餅　P162
奶油餅乾　P186
佩多儂油炸泡芙　P189
香料蛋糕　P192
馬郁蘭蛋糕　P202
玉米糕　P214
卡里頌杏仁餅　P216
梭子餅　P218
封面表 4

B·B·B POTTERS(スリービーポッターズ)
福岡県福岡市中央区薬院 1-8-8-1F·2F
TEL 092-739-2080

BBB&(スリービーアンド)
福岡県福岡市中央区薬院 1-8-20-1F
TEL 092-718-0028
http://www.bbbpotters.com

糕點製作

新橋塔　P28
糖霜杏仁奶油派　P28
波蘭女士　P45
摩卡蛋糕　P59
國王餅　P62
封面表 4

Le BRETON(ル·ブルトン)
福岡県福岡市中央区今泉 2-1-65-1F
TEL 092-716-9233
http://www.lebreton.jp

系列名稱／EASY COOK
書名／法式糕點百科圖鑑
作者／山本ゆりこ　YURIKO YAMAMOTO
出版者／大境文化事業有限公司
發行人／趙天德
總編輯／車東蔚
翻譯／胡家齊
文編·校對／編輯部
美編／R.C. Work Shop
地址／台北市雨聲街 77 號 1 樓
TEL／(02) 2838-7996
FAX／(02) 2836-0028
初版日期／2020 年 6 月
定價／新台幣 460 元
ISBN／9789869814249
書號／E117
讀者專線／(02) 2836-0069
www.ecook.com.tw
E-mail／service@ecook.com.tw
劃撥帳號／19260956 大境文化事業有限公司

請連結至以下表單填寫讀者回函，將不定期的收到優惠通知。

國家圖書館出版品預行編目資料
法式糕點百科圖鑑
山本ゆりこ 著：-- 初版 .-- 臺北市
大境文化，2020[109] 240 面；
15.5×21.5 公分 .
(EASY COOK：E117)
ISBN / 9789869814249
1. 點心食譜
427.16　　109006483